COMPUTER

计算机应用技术基础

JISUANJI
YINGYONG JISHU
JICHU

主 编／余 上　邓永生

副主编／郑殿君　彭光彬

　　　　陈 敏　张永志

重庆大学出版社

内容提要

　　《计算机应用技术基础》是根据教育部计算机基础课程教学分委员会《关于进一步加强高等学校计算机基础教学的意见》中对"大学计算机基础"课程的教学要求及新形势下高校学生计算机基础课程的教学现状而编写的。全书共分为 10 章,主要内容包括计算机基础知识、Windows 7 操作系统、Word 文字处理、Excel 表格处理、PowerPoint 演示文稿制作、数据库技术基础、计算机网络基本知识与 Internet、多媒体技术基础、信息系统安全与防护、常用工具软件的使用。

　　本书既可作为计算机基础课程教材,也可作为成人教育以及自学教材,还可作为计算机爱好者学习基础理论和操作能力的辅导书。

图书在版编目(CIP)数据

计算机应用技术基础 / 余上,邓永生主编 . —重庆:
重庆大学出版社,2016.8(2019.7 重印)
ISBN 978-7-5689-0012-6

Ⅰ.①计…　　Ⅱ.①余…②邓…　　Ⅲ.①电子计算机—
高等学校—教材　　Ⅳ.①TP3

中国版本图书馆 CIP 数据核字(2016)第 173261 号

计算机应用技术基础

主　编　余　上　邓永生
副主编　郑殿君　彭光彬
　　　　陈　敏　张永志
策划编辑:王晓蓉

责任编辑:李定群　姜　凤　　版式设计:王晓蓉
责任校对:谢　芳　　　　　　　责任印制:赵　晟
*
重庆大学出版社出版发行
出版人:饶帮华
社址:重庆市沙坪坝区大学城西路 21 号
邮编:401331
电话:(023) 88617190　88617185(中小学)
传真:(023) 88617186　88617166
网址:http://www.cqup.com.cn
邮箱:fxk@cqup.com.cn(营销中心)
全国新华书店经销
重庆华林天美印务有限公司印刷
*
开本:787mm×1092mm　1/16　印张:19.5　字数:415 千
2016 年 8 月第 1 版　　2019 年 7 月第 4 次印刷
印数:9 101—11 700
ISBN 978-7-5689-0012-6　定价:37.00 元

前言

随着信息技术的飞速发展，计算机及网络应用已经广泛渗透到人们生活的各个方面，计算机技术正在改变着人们的工作、学习和生活方式，掌握计算机应用技术并具备良好的信息技术素养已成为培养高素质技能型人才的重要组成部分，也是人们走向成功所必备的基本条件。目前高校的计算机基础教育步入一个新的发展阶段，各专业对学生的计算机应用能力提出了更高的要求，为了适应当前高等教育教学改革的需要，满足高等职业院校计算机应用基础课程教学的需求，我们组织了多年在教学一线从事计算机课程教学和教育研究的教师，编写了这本《计算机应用技术基础》教材。

本书依据教育部颁布的《高职高专教育专业人才培养目标及规格》《高职高专教育基础课程教学基本要求》编写，参照了最新《全国高等院校非计算机专业计算机等级考试大纲》，在编写过程中，将长期积累的教学与等级考试辅导的经验体会融入知识系统的各个部分，注重知识性和应用性的结合。

本书遵循"理论够用、重在应用"的指导思想，将知识点融入实例中，讲解细致，操作简单，内容丰富、实用，图文并茂，实践性强。本书的最大特色是紧扣最新考试大纲，按考试大纲落实章节分布。其次，为了巩固学生的学习成果，每一章均附有课后训练项目及练习题，以激发学生的学习兴趣，并使学生通过实训与习题获得能力的提高。

本书由重庆机电职业技术学院电子信息工程系计算机应用教研室编写，全书共分十章，其中第一、七章由余上编写，第二、九章由彭光彬编写，第三章由邓永生编写，第四章由郑殿君编写，第五、八章由陈敏编写，第六、十章由张永志编写，余上负责本书的策划、统稿及审阅。重庆机电职业技术学院副院长朱新民教授、教务处处长唐靖云副教授对本书的编写给予了大力指导和支持。

由于编写时间仓促，加之编者水平有限，书中难免有不足或疏漏之处，恳请读者批评指正。

编　者

2016 年 6 月

目 录

第一章　计算机基础知识

计算机的应用已遍及到生产、管理、科研、教育、生活等领域,成为现代化的重要技术支柱,也是"互联网+"时代知识结构和智能结构中不可缺少的重要部分。了解计算机的发展历程、计算机的组成结构、熟悉计算机的运行机制,是学好计算机并具备良好信息技术素养的重要基础。

知识目标

◆　了解计算机的发展、特点、分类及应用。
◆　掌握计算机系统的组成。
◆　掌握计算机中信息的表示方式。
◆　掌握不同数制之间的转换。
◆　了解程序设计的概念。
◆　了解计算机的工作原理。

技能目标

◆　熟悉影响计算机性能的因素并能组装计算机。
◆　熟练运用"模2取余""乘2取整"的方法进行十进制与二进制间的转换。
◆　熟练运用正确的方法实现文字录入。

任务一　计算机概述

一、计算机的发展

计算机从诞生至今可以分为4个阶段,也称为4个时代,即电子管时代、晶体管时代、中小规模集成电路时代和大规模集成电路时代。

1.第一代:电子管计算机(1945—1956年)

1946年2月14日,标志现代计算机诞生的 ENIAC(Electronic Numerical Integrator and Computer)在美国费城公之于世。ENIAC 由美国政府和宾夕法尼亚大学合作开发,使用了18 000个电子管,70 000个电阻器,有500万个焊接点,耗电160 kW,重30 t,占地150 m²,其运算速度比 Mark Ⅰ快1 000倍,ENIAC 是第一台普通用途计算机,如图1-1所示。

图1-1 1946年世界上第一台电子计算机 ENIAC 诞生

第一代计算机的特点是:操作指令是为特定任务而编制的,每种机器有各自不同的机器语言,功能受到限制,速度也慢;另一个明显特征是:使用真空电子管和磁鼓存储数据。

2.第二代:晶体管计算机(1956—1963年)

1956年,晶体管和磁芯存储器管在计算机中使用,导致了第二代计算机的产生。第二代计算机体积小、速度快、功耗低、性能更稳定。首先使用晶体管技术的是早期的超级计算机,主要用于原子科学的大量数据处理,这些机器价格昂贵,生产数量极少。1960年,出现了一些成功地用于商业领域、大学和政府部门的第二代计算机,还有现代计算机的一些部件:打印机、磁带、磁盘、内存、操作系统等。计算机中储存的程序使得计算机有很好的适应性,可以更有效地用于商业用途。在这一时期出现了更高级的 COBOL 和 FORTRAN 等语言,以单词、语句和数学公式代替了含混的二进制机器码,使计算机编程更容易。新的职业(程序员、分析员和计算机系统专家)和整个软件产业由此诞生。

3.第三代:集成电路计算机(1964—1971年)

虽然晶体管比起电子管是一个明显的进步,但晶体管还是产生了大量的热量,这会损坏计算机内部的敏感部分。1958年,德州仪器的工程师 Jack Kilby 发明了集成电路 IC,将3种电子元件结合到一片小小的硅片上。之后,科学家将更多的元件集成到单一的半导体芯片上。于是,计算机变得更小,功耗更低,速度更快。这一时期的发展还包括使用了操作系统,使得计算机在中心程序的控制协调下可以同时运行许多不同的程序。

4.第四代:大规模集成电路计算机(1971年至今)

大规模集成电路 LSI,可以在一个芯片上容纳几百个元件。到了20世纪80年代,超大规模集成电路 VLSI 在芯片上容纳了几十万个元件,后来的 ULSI 将数字扩充到百万级。可以在硬币大小的芯片上容纳如此数量的元件使得计算机的体积和价格不断下降,而功能和可靠性不断增强。

1981 年,IBM 推出个人计算机 PC 用于家庭、办公室和学校。20 世纪 80 年代,个人计算机的竞争使得价格不断下跌,微机的拥有量不断增加,计算机继续缩小体积,从桌上到膝上再到掌上。与 IBM PC 竞争的 APPLE Macintosh 系统于 1984 年推出 Macintosh,提供了友好的图形界面,用户可以用鼠标方便地操作。

对计算机发展的几个阶段,简要归纳于表 1-1。

表 1-1　计算机发展的 4 个阶段

	起止年代	主要元件	主要元件图例	速度(次/s)	特点与应用领域
第一代	20 世纪 40 年代末—50 年代末	电子管		5 000 ~ 10 000 次	体积巨大,运算速度较低,耗电量大,存储容量小,主要用来进行科学计算
第二代	20 世纪 50 年代末—60 年代末	晶体管		几万至几十万次	体积减小,耗电较小,运算速度较高,价格下降,不仅用于科学计算,还用于数据处理和事务管理,并逐渐用于工业控制
第三代	20 世纪 60 年代中期开始	中、小规模集成电路		几十万至几百万次	体积、功耗进一步减小,可靠性及速度进一步提高,应用领域进一步拓展到文字处理、企业管理、自动控制、城市交通管理等方面
第四代	20 世纪 70 年代初开始	大规模和超大规模集成电路		几千万至千百亿次	性能大幅度提高,价格大幅度下降,广泛应用于各个领域,进入办公室和家庭。在办公自动化、电子编辑排版、数据库管理、图像识别、语音识别、专家系统等领域大显身手

二、计算机的特点

1. 快速的运算能力

电子计算机的工作基于电子脉冲电路原理,由电子线路构成其各个功能部件,其中电场的传播扮演主要角色。我们知道电磁场传播的速度是很快的,现在高性能计算机每秒能进行几百亿次以上的加法运算。

运算速度是指计算机每秒能够执行多少条指令,常用的单位是 MIPS,即每秒能够执行多少百万条指令。例如,主频为 2 GHz 的处理器的运算速度是 4 000 MIPS,即每秒钟 40 亿次。

2.足够高的计算精度

电子计算机的计算精度在理论上不受限制,一般的计算机均能达到 15 位有效数字,通过一定的技术手段,可以实现任何精度要求。著名数学家挈依列曾经为计算圆周率 π 整整花了 15 年的时间,才算到小数点后第 707 位。现在将这件事交给计算机做,几个小时内就可计算到小数点后 10 万位。

3.超强的记忆能力

计算机中有许多存储单元,用以"记忆"信息。内部"记忆"能力,是电子计算机和其他计算工具的一个重要区别。由于具有内部"记忆"信息的能力,在运算过程中就可以不必每次都从外部去取数据,而只需事先将数据输入内部的存储单元中,运算时即可直接从存储单元中获得数据,从而大大提高运算速度。计算机存储器的容量可以做得很大,而且它的"记忆力"特别强。

4.复杂的逻辑判断能力

人的思维能力本质上是一种逻辑判断能力,也可以说是因果关系分析能力。借助于逻辑运算,可以让计算机做出逻辑判断,分析命题是否成立,并可根据命题成立与否做出相应的对策。例如,数学中有个"四色问题",说是不论多么复杂的地图,使相邻区域颜色不同,最多只需 4 种颜色就够了。100 多年来不少数学家一直想去证明它或者推翻它,却一直没有结果,成了数学中著名的难题。1976 年,两位美国数学家终于使用计算机进行了非常复杂的逻辑推理验证了这个著名的猜想。

5.按程序自动工作的能力

一般的机器是由人控制的,人给机器一个指令,机器就完成一个操作。计算机的操作也是受人控制的,但由于计算机具有内部存储能力,可以将指令事先输入计算机存储起来,在计算机开始工作以后,从存储单元中依次去取指令,用来控制计算机的操作,从而使人们可以不必干预计算机的工作,实现操作的自动化,这种工作方式称为程序控制方式。

三、计算机的分类

1.按信息的表示方式分类

(1)数模混合计算机

数字模拟混合式电子计算机是综合了数字和模拟两种计算机的长处设计出来的,它既能处理数字量,也能处理模拟量,但是这种计算机结构复杂、设计困难。

（2）模拟计算机

模拟式电子计算机是用连续变化的模拟量即电压来表示信息,其基本运算部件是由运算放大器构成的微分器、积分器、通用函数运算器等运算电路组成。模拟式电子计算机解题速度极快,但精度不高、信息不易存储、通用性差,它一般用于解微分方程或自动控制系统设计中的参数模拟。

（3）数字计算机

数字式电子计算机是用不连续的数字量（即"0"和"1"）来表示信息,其基本运算部件是数字逻辑电路。数字式电子计算机的精度高、存储量大、通用性强,能胜任科学计算、信息处理、实时控制、智能模拟等方面的工作。人们通常所说的计算机就是指数字式电子计算机。

2. 按应用范围分类

（1）专用计算机

专用计算机是为解决一个或一类特定问题而设计的计算机。其硬件和软件的配置依据特定问题的需要而定,并不求全。专用计算机功能单一,配有解决特定问题的固定程序,能高速、可靠地解决特定问题。一般在过程控制中使用。

（2）通用计算机

通用计算机是为解决各种问题而设计,具有较强的通用性的计算机。它具有一定的运算速度,有一定的存储容量,带有通用的外部设备,配备各种系统软件、应用软件。一般的数字式电子计算机多属此类。

3. 按规模和处理能力分类

（1）巨型机

巨型机通常是指最大、最快、最贵的计算机。巨型机一般用在国防和尖端科学领域,如战略武器（如核武器和反导弹武器）的设计、空间技术、石油勘探、长期天气预报以及社会模拟领域。世界上只有少数几个国家能生产巨型机,著名的巨型机如美国的克雷系列,我国自行研制的银河-Ⅰ（每秒运算 1 亿次以上）、银河-Ⅱ（每秒运算 10 亿次以上）和银河-Ⅲ（每秒运算 100 亿次以上）也都是巨型机。当今世界上运行速度最快的巨型机已达到每秒万亿次浮点运算。如图 1-2 所示为中国自行研制的银河-Ⅲ巨型机。

图 1-2　中国自行研制的银河-Ⅲ巨型机

（2）大型机

大型机包括通常所说的大、中型计算机。它是在微型机出现之前最主要的计算机模式，即把大型主机放在计算中心的机房中，用户要上机就必须去计算中心的终端上工作。大型机经历了批处理阶段、分时处理阶段，进入了分散处理与集中管理的阶段。

（3）小型机

由于大型机价格昂贵，操作复杂，只适用于大型企业和单位。在集成电路的推动下，20世纪 60 年代，DEC 推出了一系列小型机，如 PDP-11 系列、VAX-11 系列，HP-1000、3000 系列；美国 DEC 公司生产的 VAX 系列机、IBM 公司生产的 AS/400 系列机，以及我国生产的太极系列机都是小型计算机的代表。小型计算机一般为中小型企事业单位或某一部门所用，例如，高等院校的计算机中心都以一台小型机为主机，配以几十台甚至上百台终端机，以满足大量学生学习的需要。当然其运算速度和存储容量都比不上大型机。

（4）微型机

PC 机的特点是轻、小、价廉、易用。PC 机使用的 CPU 芯片平均每两年集成度增加一倍，处理速度提高一倍，价格却降低一半。随着芯片性能的提高，PC 机的功能越来越强大。今天，PC 机的应用已普及到各个领域：从工厂的生产控制到政府的办公自动化，从商店的数据处理到个人的学习娱乐，几乎无处不在，无所不用。目前，PC 机占整个计算机装机量的 95% 以上。

（5）工作站

工作站是介于个人计算机（PC 机）和小型机之间的一种高档微型机。通常配有高档 CPU、高分辨率的大屏幕显示器和大容量的内外存储器，具有较强的数据处理能力和高性能的图形功能。它主要用于图像处理、计算机辅助设计（CAD）等领域。一般工作站如图1-3所示。

图 1-3　联想公司制造的工作站类型计算机

（6）服务器

随着计算机网络的日益推广和普及，一种可供网络用户共享的、高性能的计算机应运而生，这就是服务器。服务器一般具有大容量的存储设备和丰富的外部设备，运行网络操作系统，要求较高的运行速度，对此很多服务器都配置双 CPU。服务器上的资源可供网络用户共享。

四、计算机的应用领域

计算机的应用领域已渗透社会的各行各业，从科研、生产、教育、卫生到家庭生活，几乎无所不在。

1. 科学计算（或数值计算）

科学计算是指利用计算机来完成科学研究和工程技术中提出的数学问题的计算。在现代科学技术工作中，科学计算问题是大量的和复杂的。利用计算机的高速计算、大存储容量和连续运算的能力，可以实现人工无法解决的各种科学计算问题。例如，建筑设计中为了确定构件尺寸，通过弹性力学导出一系列复杂方程，长期以来，由于计算方法跟不上而一直无法求解，计算机不但能求解这类方程，还引起了弹性理论上的一次突破。

2. 数据处理（或信息处理）

数据处理是指对各种数据进行收集、存储、整理、分类、统计、加工、利用、传播等一系列活动的统称。数据处理从简单到复杂已经历了3个发展阶段：

（1）电子数据处理

电子数据处理以文件系统为手段，实现一个部门内的单项管理。

（2）管理信息系统

管理信息系统以数据库技术为工具，实现一个部门的全面管理，从而提高工作效率。

（3）决策支持系统

决策支持系统以数据库、模型库和方法库为基础，帮助管理决策者提高决策水平，提高运营策略的正确性与有效性。

目前，数据处理已广泛应用于办公自动化、企事业计算机辅助管理与决策、情报检索、图书管理、电影电视动画设计、会计电算化等各行各业。

3. 辅助技术（或计算机辅助设计与制造）

（1）计算机辅助设计

计算机辅助设计（Computer Aided Design，CAD）是利用计算机系统辅助设计人员进行工程或产品设计，以达到最佳设计效果的一种技术，广泛应用于飞机、汽车、机械、电子、建筑和轻工等领域。例如，在电子计算机的设计过程中，利用 CAD 技术进行体系结构模拟、逻辑模拟、插件划分、自动布线等，从而大大提高了设计工作的自动化程度。

（2）计算机辅助制造

计算机辅助制造（Computer Aided Manufacturing，CAM）是利用计算机系统进行生产设备的管理、控制和操作的过程。例如，在产品的制造过程中，用计算机控制机器的运行、处理生产过程中所需的数据、控制和处理材料的流动以及对产品进行检测等。使用 CAM 技术可以提高产品质量，降低成本，缩短生产周期，提高生产率和改善劳动条件。

知识拓展

将 CAD 和 CAM 技术集成，实现设计生产自动化，这种技术被称为计算机集成制造系统（CIMS）。它的实现将真正做到无人化工厂（或车间）。

（3）计算机辅助教学

计算机辅助教学（Computer Aided Instruction,CAI）是利用计算机系统使用课件来进行教学。课件可以用制作工具或高级语言来开发制作,它能引导学生循序渐进地学习,使学生轻松自如地从课件中学到所需的知识。CAI 的主要特色是交互教育、个别指导和因材施教。

4.过程控制（或实时控制）

过程控制是利用计算机及时采集检测数据,按最优值迅速地对控制对象进行自动调节或自动控制。采用计算机进行过程控制,不仅可以大大提高控制的自动化水平,还可提高控制的及时性和准确性,从而改善劳动条件、提高产品质量及合格率。因此,计算机过程控制已在机械、冶金、石油、化工、纺织、水电、航天等部门得到广泛应用。例如,在汽车工业方面,利用计算机控制机床及整个装配流水线,不仅可以实现精度要求高、形状复杂的零件加工自动化,还可以使整个车间或工厂实现自动化。

5.人工智能（或智能模拟）

人工智能是利用计算机模拟人类的智能活动的技术,诸如感知、判断、理解、学习、问题求解和图像识别等。目前人工智能的研究已取得不少成果,有些已开始走向实用阶段。例如,能模拟高水平医学专家进行疾病诊疗的专家系统,具有一定思维能力的智能机器人等。

6.网络应用

计算机技术与现代通信技术的结合构成了计算机网络。计算机网络的建立,不仅实现了一个单位、一个地区、一个国家中计算机与计算机之间的通信,各种软、硬件资源的共享,也大大促进了国际间的文字、图像、视频和声音等各类数据的传输与处理。

任务二　计算机中信息表示方法

计算机存储的信息包括数值数据和非数值数据两种,各种信息最终都是以二进制编码的形式存在的,即都是以 0 和 1 组成的二进制代码表示的。

一、计算机中常用数制以及数制之间的转换

在人类历史发展的长河中,先后出现过多种不同的记数方法,其中有一些沿用至今,如十进制和十六进制。

1.进位计数制和非进位计数制

①进位计数制及其特点

进位计数制的特点:表示数值大小的数码与它在数中所处的位置有关。

例如,十进制数 321.68,数码 3 处于百位上,它代表 $3 \times 10^2 = 300$,即 3 所处的位置具有 10^2 权;1 代表 $1 \times 10^0 = 1$;而最低位 8 处于小数点后第二位,代表 $8 \times 10^{-2} = 0.08$。

②非进位计数制及其特点

非进位计数制的特点:表示数值大小的数码与它在数中的位置无关。

典型的非进位计数制是罗马数字。例如,在罗马数字中:Ⅰ 总是代表 1,Ⅱ 总是代表 2,Ⅲ 总是代表 3,Ⅳ 总是代表 4,Ⅴ 总是代表 5 等。非进位计数制表示数据不便、运算困难,现已基本不用。

如上所述,数据用少量的数字符号按先后位置排列成数位,并按照由低到高的进位方式进行计数,通常将这种表示数的方法称为进位计数制。

在进位计数制中,每种数制都包含有两个基本要素,即基数和位权。

基数:计数制中所用到的数字符号的个数。例如,十进制的基数为 10。

位权:一个数字符号处在某个位上所代表的数值是其本身的数值乘上所处数位的一个固定常数,这个不同数位的固定常数称为位权或称为权值。

2. 计算机科学中的常用数制

在计算机科学中,常用的数制是十进制、二进制、八进制、十六进制 4 种。

人们习惯于采用十进位计数制,简称十进制。但是由于技术上的原因,计算机内部一律采用二进制表示数据,而在编程中又经常使用十进制,有时为了表述上的方便还会使用八进制或十六进制。因此,了解不同计数制及其相互转换是非常必要的。

(1)十进制数及其特点

十进制数(Decimal notation)的基本特点是基数为 10,用 10 个数码 0、1、2、3、4、5、6、7、8、9 来表示,且逢十进一。因此,对于一个十进制的数而言,各位的位权是以 10 为底的幂。

例如,十进制数 $(3\ 826.59)_{10}$ 可以表示为:

$$(3\ 826.59)_{10} = 3 \times 10^3 + 8 \times 10^2 + 2 \times 10^1 + 6 \times 10^0 + 5 \times 10^{-1} + 9 \times 10^{-2}$$

将其称为十进制数 3 826.59 的按位权展开式。

(2)二进制数及其特点

二进制数(Binary notation)的基本特点是基数为 2,用两个数码 0、1 来表示,且逢二进一。因此,对于一个二进制的数而言,各位的位权是以 2 为底的幂。

例如,二进制数 $(101.011)_2$ 可以表示为:

$$(101.011)_2 = 1 \times 2^2 + 0 \times 2^1 + 1 \times 2^0 + 0 \times 2^{-1} + 1 \times 2^{-2} + 1 \times 2^{-3}$$

(3)八进制数及其特点

八进制数(Octal notation)的基本特点是基数为 8,用 8 个数码 0、1、2、3、4、5、6、7 来表示,且逢八进一。因此,对于一个八进制的数而言,各位的位权是以 8 为底的幂。

例如,八进制数 $(53.17)_8$ 可以表示为:

$$(53.17)_8 = 5 \times 8^1 + 3 \times 8^0 + 1 \times 8^{-1} + 7 \times 8^{-2}$$

（4）十六进制数及其特点

十六进制数（Hexadecimal notation）的基本特点是基数为 16，用 16 个数码 0、1、2、3、4、5、6、7、8、9、A、B、C、D、E、F 来表示，且逢十六进一。因此，对于一个十六进制的数而言，各位的位权是以 16 为底的幂。

例如，十六进制数 $(6D. B3)_{16}$ 可以表示为：

$$(6D. B3)_{16} = 6 \times 16^1 + D \times 16^0 + B \times 16^{-1} + 3 \times 16^{-2}$$

（5）R 进制数及其特点

扩展到一般形式，一个 R 进制数，基数为 R，用 $0,1,\cdots,R-1$ 共 R 个数字符号来表示，且逢 R 进一，因此，对于一个 R 进制的数而言，各位的位权是以 R 为底的幂。

一个 R 进制数的按位权展开式为：

$$(N)_R = k_n \times R^n + k_{n-1} \times R^{n-1} + \cdots + k_0 \times R^0 + k_{-1} \times R^{-1} + k_{-2} \times R^{-2} + \cdots + k_{-m} \times R^{-m}$$

本书中，当各种计数制同时出现时，用下标加以区别。也有人根据其英文的缩写，将 $(3826.59)_{10}$ 表示为 3826.59D，将 $(101.011)_2$、$(53.17)_8$、$(6D. B3)_{16}$ 分别表示为 101.011B、53.17O、6D. B3H。

3. 计算机中为什么要用二进制

在日常生活中，人们并不经常使用二进制，因为它不符合人们的固有习惯。但在计算机内部的数则是用二进制来表示的，这主要有以下几个方面的原因：

（1）电路简单，易于表示

计算机是由逻辑电路组成的，逻辑电路通常只有两个状态。例如，开关的接通和断开，晶体管的饱和和截止，电压的高与低等。这两种状态正好用来表示二进制的两个数码 0 和 1。若是采用十进制，则需要有 10 种状态来表示 10 个数码，实现起来比较困难。

（2）可靠性高

用二进制的两种状态表示两个数码，数码在传输和处理中不易出错，因而电路更加可靠。

（3）运算简单

二进制数的运算规则简单，无论是算术运算还是逻辑运算都容易进行。十进制的运算规则相对烦琐，现在已经证明，R 进制数的算术求和、求积规则各有 R(R+1)/2 种。如采用二进制，求和与求积运算法只有 3 种，因而简化了运算器等物理器件的设计。

（4）逻辑性强

计算机不仅能进行数值运算，而且能进行逻辑运算。逻辑运算的基础是逻辑代数，而逻辑代数是二值逻辑。二进制的两个数码 1 和 0，恰好代表逻辑代数中的"真"（True）和"假"（False）。

4. 数制之间的转换

虽然计算机内部使用二进制来表示各种信息，但计算机与外部的交流仍采用人们熟悉和便于阅读的形式。接下来将介绍几种进位计数制之间的转换问题。

（1）R进制数转换为十进制数

根据R进制数的按位权展开式，可以较方便地将R进制数转化为十进制数。

【例1-1】 将$(110.101)_2$、$(16.24)_8$、$(5E.A7)_{16}$转化为十进制数。

【解】 $(110.101)_2 = 1 \times 2^2 + 1 \times 2^1 + 0 \times 2^0 + 1 \times 2^{-1} + 0 \times 2^{-2} + 1 \times 2^{-3} = 6.625$

$(16.24)_8 = 1 \times 8^1 + 6 \times 8^0 + 2 \times 8^{-1} + 4 \times 8^{-2} = 14.3125$

$(5E.A7)_{16} = 5 \times 16^1 + 14 \times 16^0 + 10 \times 16^{-1} + 7 \times 16^{-2} = 94.6523（近似数）$

（2）十进制数转化为R进制数

将十进制数转化为R进制数，只要对其整数部分，采用除以R取余法，而对其小数部分，则采用乘以R取整法即可。

【例1-2】 将$(179.48)_{10}$化为二进制数。

【解】 将$(179.48)_{10}$化为二进制数，步骤如下：

其中，$(179)_{10} = (10110011)_2$；$(0.48)_{10} = (0.0111101)_2$（近似取7位），因此，$(179.48)_{10} = (10110011.0111101)_2$从例1-2可知，一个十进制的整数可以精确转化为一个二进制整数，但是一个十进制的小数并不一定能够精确地转化为一个二进制小数。

【例1-3】 将$(179.48)_{10}$化为八进制数。

【解】 将$(179.48)_{10}$化为八进制数，步骤如下：

整数部分 179 除以 8 取余

8	179	⋯⋯3	低位
8	22	⋯⋯6	
8	2	⋯⋯2	高位
	0		

小数部分 0.48 乘以 8 取整

$0.48 \times 8 = 3.84$ ⋯⋯3 高位
$0.84 \times 8 = 6.72$ ⋯⋯6
$0.72 \times 8 = 5.76$ ⋯⋯5 低位
0.76

其中，$(179)_{10} = (263)_8$，$(0.48)_{10} = (0.365)_8$（近似取3位），因此，$(179.48)_{10} = (263.365)_8$。

【例1-4】 将$(179.48)_{10}$化为十六进制数。

【解】 将$(179.48)_{10}$化为十六进制数，步骤如下：

其中,$(179)_{10} = (B3)_{16}$,$(0.48)_{10} = (0.7A)_{16}$(近似取 2 位),因此,$(179.48)_{10} = (B3.7A)_{16}$。

与十进制数转化为二进制数类似,将十进制小数转换为八进制或十六进制小数时,同样会遇到不能精确转化的问题。那么,到底什么样的十进制小数才能精确地转化为一个 R 进制的小数呢?事实上,一个十进制纯小数 p 能精确表示成 R 进制小数的充分必要条件是此小数可表示成 k/Rm 的形式(其中,k、m、R 均为整数,k/Rm 为不可约分数)。

(3)二进制、八进制、十六进制数之间的转换

因为 $8 = 2^3$,所以需要 3 位二进制数表示 1 位八进制数;而 $16 = 2^4$,所以需要 4 位二进制数表示 1 位十六进制数。由此反映出,二进制、八进制、十六进制之间的转换包含了以二进制为基准的一定规律。

①二进制数和八进制数之间的转换

二进制数转换成八进制数时,以小数点为中心向左右两边延伸,每 3 位一组,小数点前不足 3 位时,前面添 0 补足 3 位;小数后不足 3 位时,后面添 0 补足 3 位。然后,将各组二进制数转换成八进制数。

【例 1-5】 将 $(10110011.011110101)_2$ 化为八进制数。

【解】 $(10110011.011110101)_2 = 010\ 110\ 011.011\ 110\ 101 = (263.365)_8$

八进制转换成二进制数则可概括为"一位拆三位",即把一位八进制写成对应的 3 位二进制,然后按顺序连接起来即可。

【例 1-6】 将 $(1234)_8$ 化为二进制数。

【解】 $(1234)_8 = \underline{1}\ \underline{2}\ \underline{3}\ \underline{4} = 001\ 010\ 011\ 100 = (1010011100)_2$

②二进制和十六进制数之间的转换

类似于二进制转换成八进制,二进制转换成十六进制时也是以小数点为中心向左右两边延伸,每 4 位一组,小数点前不足 4 位时,前面添 0 补足 4 位;小数点后不足 4 位时,后面添 0 补足 4 位。然后,将各组的 4 位二进制数转换成十六进制数。

【例 1-7】 将 $(10110101011.011101)_2$ 转换成十六进制数。

【解】 $(10110101011.011101)_2 = \underline{0101}\ \underline{1010}\ \underline{1011}.\underline{0111}\ \underline{0100} = (5AB.74)_{16}$

十六进制数转换成二进制数时,将十六进制数中的每一位拆成 4 位二进制数,然后按顺序连接起来。

【例 1-8】 将 $(3CD)_{16}$ 转换成二进制数。

【解】 $(3CD)_{16} = \underline{3}\ \underline{C}\ \underline{D} = 0011\ 1100\ 1101 = (1111001101)_2$

③八进制数与十六进制数的转换。

八进制与十六进制之间的转换,通常先转换为二进制数作为过渡,再用上面所讲的方

法进行转换。

【例 1-9】 将$(3CD)_{16}$转换成八进制数。

【解】 $(3CD)_{16} = \underline{3}\ \underline{C}\ \underline{D} = \underline{0011}\ \underline{1100}\ \underline{1101} = (1111001101)_2$

$= \underline{001}\ \underline{111}\ \underline{001}\ \underline{101} = (1715)_8$

二、数据的表示单位

我们要处理的信息在计算机中常被称为数据。所谓数据,就是可以由人工或自动化手段加以处理的那些事实、概念、场景和指示的表示形式,包括字符、符号、表格、声音和图形等。数据可在物理介质上记录或传输,并通过外围设备被计算机接收,经过处理而得到结果,计算机对数据进行解释并赋予一定意义后,便成为人们所能接受的信息。

计算机中数据的常用单位有位、字节和字。

1. 位

计算机中最小的数据单位是二进制的一个数位,简称为位(bit,比特,缩写为 b)。一个二进制位可以表示两种状态(0 或 1),两个二进制位可以表示 4 种状态(00、01、10、11)。显然,位越多,所表示的状态就越多。

2. 字节

计算机中用来表示存储空间大小的最基本单位,称为字节(Byte,缩写为 B)。一个字节由 8 个二进制位组成。例如,计算机内存的存储容量、磁盘的存储容量等都是以字节为单位进行表示的。

此外,还有千字节(KB)、兆字节(MB)、吉字节(GB)、太字节(TB)、拍字节(PB)、艾字节(EB)、泽字节(ZB)、尧字节(YB)等表示存储容量的单位。它们之间存在下列换算关系:

$1B = 8b$	$1KB = 2^{10}B = 1024B$	$1MB = 2^{10}KB = 2^{20}B$
$1GB = 2^{10}MB = 2^{30}B$	$1TB = 2^{10}GB = 2^{40}B$	$1PB = 2^{10}TB = 2^{50}B$
$1EB = 2^{10}PB = 2^{60}B$	$1ZB = 2^{10}EB = 2^{70}B$	$1YB = 2^{10}ZB = 2^{80}B$

3. 字(Word)与字长

字与计算机中字长的概念有关。字长是指计算机在进行处理时一次作为一个整体进行处理的二进制数的位数,具有这一长度的二进制数则被称为该计算机中的一个字。计算机按照字长进行分类,可以分为 8 位机、16 位机、32 位机和 64 位机等。字长越大,那么计算机所表示数的范围就越大,处理能力也就越强,运算精度也就越高。在不同字长的计算机中,字的长度也不相同。字通常取字节的整数倍,是计算机进行数据存储和处理的运算单位。例如,在 8 位机中,一个字含有 8 个二进制位,而在 64 位机中,一个字则含有 64 个二进制位。

三、非数值信息

在计算机中,对非数值的文字和其他符号进行处理时,要对文字和符号进行数字化,即用二进制编码来表示文字和符号。其中西文字符最常用到的编码方案有 ASCII 编码和 EBCDIC编码。对于汉字,使用国家标准汉字编码。

1. ASCII 编码

微机和小型计算机中普遍采用 ASCII 码(American Standard Code for Information Interchange,美国信息交换标准代码)表示字符数据,该编码被 ISO(国际化标准组织)采纳,作为国际上通用的信息交换代码。

ASCII 码由 7 位二进制数组成,由于 $2^7 = 128$,因此能够表示 128 个字符数据。参照表1-2 所示的 ASCII 表,可以看出 ASCII 码具有以下特点:

①表中前 32 个字符和最后一个字符为控制字符,在通信中起控制作用。

②10 个数字字符和 26 个英文字母由小到大排列,且数字在前,大写字母次之,小写字母在最后,这一特点可用于字符数据的大小比较。

③数字 0 ~ 9 由小到大排列,ASCII 码分别为 48 ~ 57,ASCII 码与数值恰好相差 48。

④在英文字母中,A 的 ASCII 码值为 65,a 的 ASCII 码值为 97,且由小到大依次排列。因此,只要知道了 A 和 a 的 ASCII 码,也就知道了其他字母的 ASCII 码。

ASCII 码是 7 位编码,为了便于统一处理,在 ASCII 码的最高位前增加 1 位"0",凑成 8 位的一个字节,因此,一个字节可存储一个 ASCII 码,也就是说,一个字节可以存储一个字符。ASCII 码是使用最广的字符编码,数据使用 ASCII 码的文件称为 ASCII 文件。

表 1-2   ASCII 码表

二进制	十进制	缩写/字符	解 释	二进制	十进制	缩写/字符	解 释
00000000	0	NUL	空字符	00001000	8	BS	退格
00000001	1	SOH	标题开始	00001001	9	HT	水平制表符
00000010	2	STX	正文开始	00001010	10	LF	换行键
00000011	3	ETX	正文结束	00001011	11	VT	垂直制表符
00000100	4	EOT	传输结束	00001100	12	FF	换页键
00000101	5	ENQ	请求	00001101	13	CR	回车键
00000110	6	ACK	收到通知	00001110	14	SO	不用切换
00000111	7	BEL	响铃	00001111	15	SI	启用切换

二进制	十进制	缩写/字符	解　释	二进制	十进制	缩写/字符	解　释
00010000	16	DLE	数据链路转义	00101111	47	/	斜杠
00010001	17	DC1	设备控制1	00110000	48	0	数字0
00010010	18	DC2	设备控制2	00110001	49	1	数字1
00010011	19	DC3	设备控制3	00110010	50	2	数字2
00010100	20	DC4	设备控制4	00110011	51	3	数字3
00010101	21	NAK	拒绝接收	00110100	52	4	数字4
00010110	22	SYN	同步空闲	00110101	53	5	数字5
00010111	23	ETB	结束传输块	00110110	54	6	数字6
00011000	24	CAN	取消	00110111	55	7	数字7
00011001	25	EM	媒介结束	00111000	56	8	数字8
00011010	26	SUB	代替	00111001	57	9	数字9
00011011	27	ESC	换码(溢出)	00111010	58	:	冒号
00011100	28	FS	文件分隔符	00111011	59	;	分号
00011101	29	GS	分组符	00111100	60	<	小于
00011110	30	RS	记录分隔符	00111101	61	=	等号
00011111	31	US	单元分隔符	00111110	62	>	大于
00100000	32	space	空格	00111111	63	?	问号
00100001	33	!	叹号	01000000	64	@	电子邮件符号
00100010	34	"	双引号	01000001	65	A	大写字母A
00100011	35	#	井号	01000010	66	B	大写字母B
00100100	36	$	美元符	01000011	67	C	大写字母C
00100101	37	%	百分号	01000100	68	D	大写字母D
00100110	38	&	和号	01000101	69	E	大写字母E
00100111	39	'	闭单引号	01000110	70	F	大写字母F
00101000	40	(	开括号	01000111	71	G	大写字母G
00101001	41	)	闭括号	01001000	72	H	大写字母H
00101010	42	*	星号	01001001	73	I	大写字母I
00101011	43	+	加号	01001010	74	J	大写字母J
00101100	44	,	逗号	01001011	75	K	大写字母K
00101101	45	–	减号/破折号	01001100	76	L	大写字母L
00101110	46	.	句号	01001101	77	M	大写字母M

续表

二进制	十进制	缩写/字符	解 释	二进制	十进制	缩写/字符	解 释
01001110	78	N	大写字母 N	01100111	103	g	小写字母 g
01001111	79	O	大写字母 O	01101000	104	h	小写字母 h
01010000	80	P	大写字母 P	01101001	105	i	小写字母 i
01010001	81	Q	大写字母 Q	01101010	106	j	小写字母 j
01010010	82	R	大写字母 R	01101011	107	k	小写字母 k
01010011	83	S	大写字母 S	01101100	108	l	小写字母 l
01010100	84	T	大写字母 T	01101101	109	m	小写字母 m
01010101	85	U	大写字母 U	01101110	110	n	小写字母 n
01010110	86	V	大写字母 V	01101111	111	o	小写字母 o
01010111	87	W	大写字母 W	01110000	112	p	小写字母 p
01011000	88	X	大写字母 X	01110001	113	q	小写字母 q
01011001	89	Y	大写字母 Y	01110010	114	r	小写字母 r
01011010	90	Z	大写字母 Z	01110011	115	s	小写字母 s
01011011	91	[	开方括号	01110100	116	t	小写字母 t
01011100	92	\	反斜杠	01110101	117	u	小写字母 u
01011101	93	]	闭方括号	01110110	118	v	小写字母 v
01011110	94	^	脱字符	01110111	119	w	小写字母 w
01011111	95	_	下画线	01111000	120	x	小写字母 x
01100000	96	`	开单引号	01111001	121	y	小写字母 y
01100001	97	a	小写字母 a	01111010	122	z	小写字母 z
01100010	98	b	小写字母 b	01111011	123	{	开花括号
01100011	99	c	小写字母 c	01111100	124	|	垂线
01100100	100	d	小写字母 d	01111101	125	}	闭花括号
01100101	101	e	小写字母 e	01111110	126	~	波浪号
01100110	102	f	小写字母 f	01111111	127	DEL	删除

2. ANSI 编码和其他扩展的 ASCII 码

ANSI(美国国家标准协会)编码是一种扩展的 ASCII 码,使用 8 bit 来表示每个符号。8 bit 能表示出 256 个信息单元,因此,它可以对 256 个字符进行编码。ANSI 码开始的 128 个字符的编码和 ASCII 码定义的一样,只是在最左边加了一个 0。例如,在 ASCII 编码中,字符"a"用 1100001 表示,而在 ANSI 编码中,则用 01100001 表示。除了 ASCII 码表示的 128

个字符外,ANSI 码还可以表示另外的 128 个符号,如版权符号、英镑符号、希腊字符等。

除了 ANSI 编码外,世界上还存在着另外一些对 ASCII 码进行扩展的编码方案,ASCII 码通过扩展可以编码中文、日文和韩文字符。

3. EBCDIC 编码

在 IBM System/360 计算机中,IBM 研制了自己的 8 位字符编码——EBCDIC 码(Extended Binary Coded Decimal Interchange Code,扩展的二-十进制交换码)。该编码是对早期的 BCDIC 6 位编码的扩展,其中一个字符的 EBCDIC 码占用一个字节,用 8 位二进制码表示信息,一共可以表示出 256 种字符。

4. Unicode 编码

在假定会有一个特定的字符编码系统能适用于世界上所有语言的前提下,1988 年,几个主要的计算机公司一起开始研究一种替换 ASCII 码的编码,称为 Unicode 编码。鉴于 ASCII 码是 7 位编码,Unicode 采用 16 位编码,每一个字符需要 2 个字节。这意味着 Unicode 的字符编码范围为 0000h～FFFFh,可以表示 65 536 个不同字符。

Unicode 编码不是从零开始构造的,开始的 128 个字符编码 0000h～007Fh 就与 ASCII 码字符一致,这样就能够兼顾已存在的编码方案,并有足够的扩展空间。目前,Unicode 编码在 Internet 中有着较为广泛的使用,Microsoft 和 Apple 公司已经在他们的操作系统中支持 Unicode 编码。

5. 国家标准汉字编码(GB 2312—80)

国家标准汉字编码简称国标码。该编码集的全称是"信息交换用汉字编码字符——基本集",国家标准号是"GB 2312—80"。该编码的主要用途是作为汉字信息交换码。

GB 2312—80 标准含有 6 763 个汉字,其中一级汉字(最常用)3 755 个,按汉语拼音顺序排列;二级汉字 3 008 个,按部首和笔画排列;另外还包括 682 个西文字符、图符。GB 2312—80 标准将汉字分成 94 个区,每个区又包含 94 个位,每位存放一个汉字,这样一来,每个汉字就有一个区号和一个位号,因此将国标码称为区位码。例如,汉字"重"在 54 区 56 位,其区位码是 5456;汉字"庆"在 39 区 76 位,其区位码是 3976。

国标码规定:一个汉字用两个字节来表示,每个字节只用前 7 位,最高位均未作定义。但需注意的是:国标码不同于 ASCII 码,并非汉字在计算机内的真正表示代码,它仅仅是一种编码方案,计算机内部汉字的代码称为汉字机内码,简称汉字内码。

在计算机中,汉字内码一般都是采用两个字节表示,前一字节由区号与十六进制数 A0 相加,后一字节由位号与十六进制数 A0 相加,而且汉字编码两字节的最高位都置 1,这种形式避免了国标码与标准 ASCII 码的二义性(用最高位来区别)。在计算机系统中,由于机内码的存在,输入汉字时就允许用户根据自己的习惯使用不同的输入码,进入计算机系统后再统一转换成机内码存储。

任务三　计算机系统组成

一个完整的计算机系统是由硬件系统和软件系统两部分组成的。硬件包括中央处理机、存储器和外部设备等;软件是计算机中运行的程序和相应的文档。计算机系统具有接收和存储信息、按程序快速计算和判断并输出处理结果等功能。

一、硬件系统

计算机硬件(Computer Hardware)是指计算机系统中由电子、机械和光电元件等组成的各种物理装置的总称。这些物理装置按系统结构的要求构成一个有机整体为计算机软件运行提供物质基础。从外观上来看,微机由主机箱和外部设备组成。主机箱内主要包括CPU、内存、主板、硬盘驱动器、光盘驱动器、各种扩展卡、连接线、电源等;外部设备包括鼠标、键盘、显示器、音箱等,这些设备通过接口和连接线与主机相连。但从计算机功能完整性的角度,依据冯·诺依曼(美国著名科学家)原理,计算机硬件系统由运算器、控制器、存储器、输入设备和输出设备5个部分组成,如图1-4所示。

图1-4　电子计算机基本结构图

1. 控制器

控制器(Control Unit)是整个计算机系统的控制中心,它指挥计算机各部分协调的工作,保证计算机按照预先规定的目标和步骤有条不紊地进行操作及处理。控制器从存储器中逐条取出指令,分析每条指令规定的是什么操作以及所需数据的存放位置等,然后根据分析的结果向计算机其他部件发出控制信号,统一指挥整个计算机完成指令所规定的操作。计算机自动工作的过程,实际上是自动执行程序的过程,而程序中的每条指令都是由控制器来分析执行的,它是计算机实现"程序控制"的主要设备。

2. 运算器

运算器由算术逻辑单元(ALU)、累加器、状态寄存器、通用寄存器组等组成。算术逻辑运算单元(ALU)的基本功能为加、减、乘、除四则运算,与、或、非、异或等逻辑操作,以及移位、求补等操作。计算机运行时,运算器的操作和操作种类由控制器决定。运算器处理的数据来自存储器,处理后的结果数据通常送回存储器或暂时寄存在运算器中。与控制器共同组成了 CPU 的核心部分。

通常把控制器与运算器合称为中央处理器(Central Processing Unit,CPU)。工业生产中总是采用最先进的超大规模集成电路技术来制造中央处理器,即 CPU 芯片。它是计算机的核心设备,其性能主要是工作速度和计算精度,对机器的整体性能有全面的影响。CPU 品质的高低,直接决定了一个计算机系统的档次。反映 CPU 品质的最重要指标是主频和数据传送的位数。主频又称为时钟频率,决定 CPU 的工作速度,主频越高,CPU 的运算速度越快。常用的 CPU 主频有 2.0,2.4 GHz 等。

CPU 传送数据的位数是指计算机在同一时间能同时并行传送的二进制信息位数。通常所说的 16 位机、32 位机和 64 位机,是指该计算机中的 CPU 可以同时处理 16 位、32 位和64 位的二进制数据。

3. 存储器

存储器(Memory)是计算机系统中的记忆设备,用来存放程序和数据。计算机中全部信息,包括输入的原始数据、计算机程序、中间运行结果和最终运行结果都保存在存储器中。它根据控制器指定的位置存入和取出信息。

存储器可分为主存储器和辅助存储器。主存储器,也称为内存储器(简称内存),直接与 CPU 相连接,是计算机中主要的工作存储器,当前运行的程序与数据存放在内存中。现代的内存储器多半是半导体存储器,采用大规模集成电路或超大规模集成电路器件。内存储器按其工作方式的不同,可分为随机存取存储器(RAM)和只读存储器(ROM)。由于信息是通过电信号写入存储器的,故断电时 RAM 中的信息就会消失。计算机工作时使用的程序和数据等都存储在 RAM 中,如果对程序或数据进行了修改之后,应将其存储到外存储器中,否则关机或断电后信息将丢失。通常所说的内存大小就是指 RAM 的大小,一般以MB 或 GB 为单位。只读存储器是只能读出而不能随意写入信息的存储器。ROM 中的内容是由厂家制造时用特殊方法写入的,或者要利用特殊的写入器才能写入。当计算机断电后,ROM 中的信息不会丢失。当计算机重新被加电后,其中的信息保持原来的不变,仍可被读出。ROM 适宜存放计算机启动的引导程序、启动后的检测程序、系统最基本的输入输出程序、时钟控制程序以及计算机的系统配置和磁盘参数等重要信息。

辅助存储器通常是磁性介质或光盘等,能长期保存信息。辅助存储器也称为外存储器(简称外存),计算机执行程序和加工处理数据时,外存中的信息按信息块或信息组先送入内存后才能使用,即计算机通过外存与内存不断交换数据的方式使用外存中的信息。计算机常用的外存是软磁盘(简称软盘)、硬磁盘(简称硬盘)、光盘、U 盘、移动硬盘等。

　　硬盘的磁性材料是涂在金属、陶瓷或玻璃制成的硬盘基片上。硬盘的转速和容量会影响读写速度和系统运行速度。硬盘相对软盘来说,主要是存储空间比较大,有的硬盘容量已在2 TB以上。硬盘大多由多个盘片组成,此时,除了每个盘片要分为若干个磁道和扇区以外,多个盘片表面的相应磁道将在空间上形成多个同心圆柱面。用于计算机系统的光盘有3类:只读光盘(CD-ROM)、一次写入光盘(CD-R)和可擦写光盘(CD-RW)等。

　　4.输入设备

　　输入设备(Input Device)是向计算机输入数据和信息的设备,是计算机与用户或其他设备通信的桥梁。输入设备是用户和计算机系统之间进行信息交换的主要装置之一。键盘、鼠标、摄像头、扫描仪、光笔、手写输入板、游戏杆、语音输入装置等都属于输入设备。

　　键盘(Keyboard)是常用的输入设备,它是由一组开关矩阵组成,包括数字键、字母键、符号键、功能键及控制键等,如图1-5所示。

图1-5　计算机键盘示意图

　　鼠标器(Mouse)是一种手持式屏幕坐标定位设备,它是为适应菜单操作的软件和图形处理环境而出现的一种输入设备,特别是在现今流行的Windows图形操作系统环境下应用鼠标器方便快捷。常用的鼠标器有两种:一种是机械式的;另一种是光电式的。

　　5.输出设备

　　输出设备(Output Device)是计算机的终端设备,用于接收计算机数据的输出显示、打印、声音、控制外围设备操作等,即把各种计算结果数据或信息以数字、字符、图像、声音等形式表示出来。常见的输出设备有显示器、打印机、绘图仪、影像输出系统、语音输出系统、磁记录设备等。

　　显示器(Display)是计算机必备的输出设备,常用的有阴极射线管显示器、液晶显示器和等离子显示器。当电子束从左向右、从上而下地逐行扫描荧光屏,每扫描一遍,就显示一屏,称为刷新一次,只要两次刷新的时间间隔少于0.01 s,则人眼在屏幕上看到的就是一个稳定的画面。显示器是通过"显示接口"及总线与主机连接,待显示的信息(字符或图形图像)是从显示缓冲存储器(一般为内存的一个存储区)送入显示器接口的,经显示器接口的转换,形成控制电子束位置和强弱的信号。常用的显示接口卡有CGA卡、VGA卡、MGA卡等。以 VGA 视频图形显示接口卡为例,标准 VGA 显示卡的分辨率为 640×480,灰度是 16 种颜色;增强型 VGA 显示卡的分辨率是 800×600、960×720,灰度可为 256 种颜色。所有的显示接口卡只有配上相应的显示器和显示软件,才能发挥它们的最高性能。

知识拓展

　　普通硬件安装在计算机上后,系统会自动识别并完成驱动程序的安装和配置,这个过程需要断电操作,不可以在计算机运行中添加;而支持"热插拔"的硬件(即插即用硬件)可以在计算机运行中添加,不需要关机和断电。

二、软件系统

计算机软件分为系统软件和应用软件两类。系统软件是计算机系统的重要基础部分,用来支持应用软件的运行,为用户开发应用系统提供一个平台,用户可以使用它,一般不随意修改它。应用软件是指计算机用户利用计算机的软、硬件资源为某一专门应用目的而开发的软件。

1. 系统软件

(1)操作系统 OS(Operating System)

为了使计算机系统的所有资源协调一致、有条不紊地工作,就必须有一个软件来进行统一管理和统一调度,这种软件称为操作系统。它的功能就是管理计算机系统的全部硬件资源、软件资源及数据资源,使计算机系统所有资源最大限度地发挥作用,为用户提供方便的、有效的、友善的服务界面。

操作系统是一个庞大的管理控制程序,它大致包括以下管理功能:进程与处理机调度、作业管理、存储管理、设备管理、文件管理。实际的操作系统是多种多样的,如 Dos、Windows、Linux、Unix,根据侧重面不同和设计思想不同,操作系统的结构和内容存在很大差别。对于功能比较完善的操作系统,应具备上述五大功能。

在同一时间段内允许多个用户同时登录系统进行工作的为多用户操作系统,在同一时间段内允许打开运行多个程序(或软件)进行并行工作的系统为多任务操作系统,否则就是单用户单任务或单用户多任务操作系统。目前安装使用最广泛的 Windows XP、Windows 7等就是单用户多任务操作系统。

(2)语言处理程序

编写计算机程序所用的语言是人与计算机之间交换的工具,按语言对机器的依赖程度分为机器语言、汇编语言和高级语言。

机器语言(Machine Language):是面向机器的语言,每一个由机器语言所编写的程序只适用于某种特定类型的计算机,即指令代码通常随 CPU 型号的不同而不同。它可以被计算机硬件直接识别,不需要翻译。一句机器语言实际上就是一条机器指令,它由操作码和地址码组成。机器指令的形式是用0、1 组成的二进制代码串。

汇编语言(Assemble Language):是一种面向机器的程序设计语言,是为特定的计算机或计算机系列设计的。采用一定的助记符号表示机器语言中的指令和数据,即用助记符号代替了二进制形式的机器指令。这种替代使得机器语言"符号化",因此汇编语言也是符号语言。计算机硬件只能识别机器指令,执行机器指令,对于用助记符表示的汇编指令是不能执行的。汇编语言编写的程序要执行的话,必须用一个程序将汇编语言翻译成机器语言程序,用于翻译的程序称为汇编程序(汇编系统)。用汇编语言编写的程序称为源程序,变换后得到的机器语言程序称为目标程序。

高级语言:从 20 世纪 50 年代中期开始到 20 世纪 70 年代陆续产生了许多高级算法语言。这些算法语言中的数据用十进制来表示,语句用较为接近自然语言的英文字符来表示。它们比较接近于人们习惯用的自然语言和数学表达式,因此称为高级语言。高级语言具有较大的通用性,尤其是有些标准版本的高级算法语言,在国际上都是通用的。用高级语言编写的程序能在不同的计算机系统上使用。

但是,对于高级语言编写的程序计算机是不能识别和执行的。要执行高级语言编写的程序,首先要将高级语言编写的程序翻译成计算机能识别和执行的二进制机器指令,然后供计算机执行。一般将用高级语言编写的程序称为"源程序",而把由源程序翻译成的机器语言程序或汇编语言程序称为"目标程序"。用来编写源程序的高级语言或汇编语言称为源语言,把和目标程序相对应的语言(汇编语言或机器语言)称为目标语言。

计算机将源程序翻译成机器指令时,通常分两种翻译方式,一种为"编译"方式,另一种为"解释"方式。所谓编译方式,是把源程序翻译成等价的目标程序,然后再执行此目标程序;而解释方式是把源程序逐句翻译,翻译一句执行一句,边翻译边执行。解释程序不产生将被执行的目标程序,而是借助于解释程序直接执行源程序本身。一般将高级语言程序翻译成汇编语言或机器语言的程序称为编译程序。

(3)连接程序

连接程序把目标程序变为可执行的程序。几个被编译的目标程序,通过连接程序可以组成一个可执行的程序。

(4)诊断程序

诊断程序主要用于对计算机系统硬件的检测,并能进行故障定位,大大方便了对计算机的维护。它能对 CPU、内存、软硬驱动器、显示器、键盘及 I/O 接口的性能和故障进行检测。

(5)数据库系统(详见第 6 章)

2. 应用软件

(1)文字处理软件

文字处理软件主要用于将文字输入计算机,存储在外存中,用户能对输入的文字进行修改、编辑,并能将输入的文字以多种字体、多种字形及各种格式打印出来。目前常用的文字处理软件有 WPS、Word 等。

（2）表格处理软件

表格处理软件可根据用户的要求自动生成各式各样的表格,表格中的数据可以输入也可以从数据库中取出。可根据用户给出的计算公式,完成复杂的表格计算,并将计算结果自动填入对应的栏目里。如果修改了相关的原始数据,计算结果栏目中的结果数据也会自动更新,不需用户重新计算。目前常用的表格处理软件有 Microsoft 公司的 Excel、金山公司的 WPS 等。

（3）辅助设计软件

辅助设计软件能高效地绘制、修改、输出工程图纸。设计中的常规计算帮助设计人员寻找较好的方案。设计周期大幅度缩短,而设计质量却大为提高。应用该技术使设计人员从繁重的绘图设计中解脱出来,使设计工作计算机化。目前常用的软件有 AutoCAD、印刷电路板设计系统等。

综上所述,计算机软件系统如图 1-6 所示。

图 1-6　计算机软件系统示意图

任务四　程序设计基础

一、指令、程序、软件的概念

1. 指令

指令包含有操作码和地址码的一串二进制代码。其中操作码规定了操作的性质(什么样的操作),地址码表示了操作数和操作结果的存放地址。

2. 程序

程序是为解决某一问题而设计的一系列有序的指令或语句(程序设计语言的语句实质

包含了一系列指令）的集合。

3. 软件

软件是指计算机工作的程序与程序运行时所需要的数据，以及与这些程序和数据有关的文字说明和图表资料的集合，其中文字说明和图表资料又称文档。

二、数据类型与控制结构的基本概念

1978 年，Brian W. Kernighian 和 Dennis M. Ritchie 出版了名著《C 程序设计语言》（*The C Programming Language*），从而使 C 语言成为当时世界上流行最广泛的高级程序设计语言，并延用至今。C 语言的特点如下：

①简洁紧凑、灵活方便。C 语言一共只有 32 个关键字、9 种控制语句，程序书写自由，主要用小写字母表示。它把高级语言的基本结构和语句与低级语言的实用性结合起来。C 语言可以像汇编语言一样对位、字节和地址进行操作，而这三者是计算机最基本的工作单元。

②运算符丰富。C 语言的运算符包含的范围很广泛，共有 34 个运算符。C 语言把括号、赋值、强制类型转换等都作为运算符处理。从而使 C 语言的运算类型极其丰富，表达式类型多样化，灵活使用各种运算符可以实现在其他高级语言中难以实现的运算。

③数据结构丰富。C 语言的数据类型有整型、实型、字符型、数组类型、指针类型、结构体类型、共用体类型等。能用来实现各种复杂的数据类型的运算。并引入了指针概念，使程序效率更高。另外，C 语言具有强大的图形功能，支持多种显示器和驱动器。且计算功能、逻辑判断功能强大。

④结构式语言。结构式语言的显著特点是代码及数据的分隔化，即程序的各个部分除了必要的信息交流外彼此独立。这种结构化方式可使程序层次清晰，便于使用、维护以及调试。C 语言是以函数形式提供给用户的，这些函数可方便调用，并具有多种循环、条件语句控制程序流向，从而使程序完全结构化。

⑤语法限制不太严格、程序设计自由度大。一般的高级语言语法检查比较严，能够检查出几乎所有的语法错误，而 C 语言允许程序编写者有较大的自由度。

⑥允许直接访问物理地址，可直接对硬件进行操作。允许直接访问物理地址，因此既具有高级语言的功能，又具有低级语言的许多功能，能够像汇编语言一样对位、字节和地址进行操作，而这三者是计算机最基本的工作单元，可以用来写系统软件。

⑦生成代码质量高，程序执行效率高。一般只比汇编程序生成的目标代码效率低 10% ~ 20%。

⑧适用范围大，可移植性好。C 语言有一个突出的优点就是适合于多种操作系统，如 DOS、UNIX 等，也适用于多种机型。

三、程序编制举例

【例1-10】　从键盘输入圆的半径,计算圆的周长和面积,并输出计算结果,输出时要求有文字说明,取小数点后2位数字。

```
#include "stdio.h"              //引用系统提供的标准库函数
main( )                        //主函数
{
    double r;                  //定义一个实型变量r
    double pi = 3.14159;       //定义一个实型变量pi,并赋值为3.14159
    printf("请输入圆的半径:");  //在控制台屏幕上输出字符串"请输入圆的半径:"
    scanf("%lf",&r);           //输入一个实型数据,赋值给变量r
    printf("圆的周长为:%.2lf",2 * pi * r); //计算并输出圆周长
    printf("圆的面积为:%.2lf",pi * r * r); //计算并输出圆面积
    getch( );                  //等待用户输入
}
```

任务五　计算机工作原理

计算机的基本原理是存储程序和程序控制。预先要把指挥计算机如何进行操作的指令序列(称为程序)和原始数据通过输入设备输送到计算机的内存储器中。每一条指令中明确规定了计算机从哪个地址取数,进行什么操作,然后送到什么地址去等步骤。计算机在运行时,先从内存中取出第一条指令,通过控制器的译码,按指令的要求,从存储器中取出数据进行指定的运算和逻辑操作等加工,然后再按地址把结果送到内存中去。接下来,再取出第二条指令,在控制器的指挥下完成规定操作。依此进行下去,直至遇到停止指令。利用这一原理的现代计算机的基本结构是由美籍匈牙利科学家冯·诺依曼于1946年提出的。迄今为止所有进入实用的电子计算机都是按冯·诺依曼提出的结构体系和工作原理设计制造的,故又统称为"冯·诺依曼型计算机"。其要点如下所述:

①计算机的程序被事先输入存储器中,程序运算的结果,也被存放在存储器中;计算机完成任务是由事先编好的程序完成的,即"存储程序、程序控制"。

②计算机内部信息和数据采用二进制编码形式表示。

③计算机由运算器、控制器、存储器、输入设备、输出设备所组成。

打开计算机电源后到计算机准备接受发出的命令之间计算机所运行的过程称为引导(Boot)过程。当关闭电源后,RAM的数据将丢失,因此,计算机不是用RAM来保持计算机的基本工作指令,而是使用另外的方法将操作系统文件加载到RAM中,再由操作系统接管对机器的控制。这是引导过程中的一个主要部分。总的来说,引导过程有下面几个步骤:

①加电:打开电源开关,给主板和内部风扇供电。

②启动引导程序:CPU 开始执行存储在 ROM BIOS 中的指令。

③开机自检:计算机对系统的主要部件进行诊断测试。

④加载操作系统:计算机将操作系统文件从磁盘读到 RAM 中。

⑤检查配置文件,定制操作系统的运行环境:读取配置文件,根据用户的设置对操作系统进行定制。

⑥准备读取命令和数据:计算机等待用户输入命令和数据。

本章小结

随着电子技术的显著进步,尤其是超大规模集成电路的应用,导致计算机技术飞速发展。1946 年,世界上第一台电子计算机诞生于美国,美籍科学家冯·诺依曼对计算机体系结构提出了"存储程序,程序控制"、二进制形式存储与处理数据、五大部件构成等重要原理依据。由此可知,一个完整的计算机系统是由硬件与软件构成的。存储器使计算机具有了记忆功能,运算器使计算机具有计算能力,控制器使得计算机各部件协调工作,输入设备使得用户的数据与指令输入计算机中,输出设备使计算机展示处理结果。影响计算机系统性能的指标有很多,但主要是字长、运算速度和内存容量。这里的内存是指随机存储器 RAM,程序运行时,必须先将相关指令或数据从外存调入内存(是 RAM,而不是 ROM),当断电时,RAM 中的信息会丢失。程序可以看成是使用相关语言编写的指令的集合,而软件是程序、文档、说明等的集合;操作系统是最重要、最基础的系统软件,所有的应用软件都要在其基础上才能运行,并且操作系统还肩负有进程管理、作业管理、设备管理等功能。由于计算机内部使用二进制,使用高级语言编写的程序必须经过编译或翻译成机器语言才能执行。计算机已经应用到科学计算、实时控制、数据处理、人工智能、辅助设计等方面,尤其是网络应用正在深刻地改变着人们的生活、工作和学习方式。

拓展训练

1. 在老师的指导下,完成一份个人电脑装配清单。

2. 文字录入练习,要求如下:

①使用正确的指法和正确的打字姿势;

②采用盲打方式使用键盘;

③熟练使用一种输入法;

④1 分钟内录入 40 ~ 60 个汉字。

任务考核

一、单选题

1. 一个完整的计算机系统包括(　　)。
   A. 主机、键盘、显示器
   B. 系统软件和应用软件
   C. 计算机及其外部设备
   D. 硬件系统和软件系统

2. 中央处理器(CPU)主要由(　　)组成。
   A. 存储器和控制器
   B. 存储器和寄存器
   C. 控制器和内存
   D. 运算器和控制器

3. 微型计算机中运算器的主要功能是进行(　　)。
   A. 逻辑运算
   B. 算术运算
   C. 函数运算
   D. 算术运算和逻辑运算

4. 微型计算机中,控制器的基本功能是(　　)。
   A. 实现运算
   B. 控制机器各个部件协调一致工作
   C. 保持各种控制状态
   D. 存储各种控制信息

5. 计算机的内部存储器(或主存)是指(　　)。
   A. 硬盘
   B. 光盘
   C. ROM 和 RAM
   D. RAM

6. 下列各种存储器中,断电后其中信息会丢失的是(　　)。
   A. ROM
   B. RAM
   C. U 盘
   D. 硬盘

7. 计算机能够直接识别和执行的语言是(　　)。
   A. 编译语言
   B. 汇编语言
   C. 机器语言
   D. 高级语言

8. 高级语言源程序必须翻译成目标程序后才能执行,完成这种翻译过程的程序是(　　)。
   A. 编译程序
   B. 解释程序
   C. 汇编程序
   D. 执行程序

9. 下面各组设备中,全部属于输入设备的一组是(　　)。
   A. 键盘、磁盘和打印机
   B. 键盘、扫描仪和鼠标
   C. 键盘、鼠标和显示器
   D. 硬盘、打印机和键盘

10. 下列存储器中,访问速度最快的是(　　)。
    A. 硬盘
    B. 光盘
    C. 移动存储 U 盘
    D. 内存储器

11. 下面不是用作存储容量单位的是(　　)。

  A. 比特(bit)   B. 字节(Byte)

  C. 千字节(KB)   D. 兆字节(MB)

12. 计算机内部度量存储容量的基本单位是( )。

  A. 字   B. 字节

  C. 位   D. KB

13. 计算机指令的集合称为( )。

  A. 语言   B. 程序

  C. 机器语言   D. 汇编语言

14. 下列叙述中,正确的是( )。

  A. 激光打印机属于针式打印机

  B. CAI 软件属于系统软件

  C. 就存取速度而论,软盘比硬盘快,硬盘比内存快

  D. 计算机的运算速度可以用 MIPS 来表示

15. 操作系统是计算机系统中的( )。

  A. 核心系统软件   B. 关键的硬盘部件

  C. 广泛使用的应用软件   D. 外部部件

16. 下列 4 种软件中,属于应用软件的是( )。

  A. BASIC 解释程序   B. Windows XP

  C. AutoCAD 制图软件   D. 汇编程序

17. 目前,制造计算机所用的电子元件是( )。

  A. 电子管   B. 晶体管

  C. 集成电路   D. 超大规模集成电路

18. 将十进制数26转换成二进制数( )。

  A. 01011B   B. 11010B

  C. 11100B   D. 10011B

19. 如果设汉字点阵为 32 × 32,存储 100 个汉字的字形信息所占用的字节数是( )。

  A. $32 \times 32 \times 8$ B. $32 \times 32 \times 100$

  C. $32 \times 4 \times 100$ D. $32 \times 32 \times 1\,000$

20. 办公自动化(OA)是计算机的一项应用,按计算机应用的分类,属于( )。

  A. 科学计算   B. 信息处理

  C. 实时控制   D. 辅助设计

21. 计算机的主要特点是:具有运算速度快、精度高和( )。

  A. 存储记忆   B. 自动编辑

  C. 无须记忆   D. 按位串行执行

22. 巨型机主要是指( )。

  A. 体积大   B. 质量大

C. 功能强 D. 耗电量大

23. "32 位机"中的 32 指的是( )。

A. 微型机号 B. 机器字长

C. 内存容量 D. 存储单位

24. 计算机中采用二进制,是因为( )。

A. 可降低硬件成本 B. 稳定

C. 二进制的运算法则简单 D. 上述 3 个原因

25. 下列字符中,ASCII 码值最大的是( )。

A. 7 B. D

C. M D. Z

26. 提出"存储程序、程序控制"计算机工作原理的是( )。

A. 图灵 B. 卡迪尔

C. 冯·诺依曼 D. 诺顿

二、判断题

1. 任何程序不需要进入内存,直接在硬盘上就可以运行。 ( )

2. 在计算机系统中,总线是 CPU、内存和外部设备之间传送信息的公用通道,微机系统的总线由数据总线、控制总线和地址总线 3 部分组成。 ( )

3. 当同时使用 ASCII 码和 GB 2312—80 时,为避免产生二义性,汉字系统将 GB 2312—80 中每个字节的最高位设置为 1,作为汉字机内码。 ( )

4. 内存储器只有随机存储器 RAM。 ( )

5. 衡量计算机性能的指标有字长、运算速度、存储容量等。 ( )

6. USB 是通用串行总线接口的简称。 ( )

7. UPS 是不间断电源的简称。 ( )

三、填空题

1. 计算机软件分为_____和_____两类。

2. 美国标准信息交换代码 ASCII 码用_____位二进制数来表示一个字符,最高位填充一个_____凑成一个字节。

3. 十进制数 265 转换为等价的二进制数的结果为 100001001,那么转换为等价的十六进制数的结果为_____H。

4. 计算机向使用者传送计算、处理结果的设备称为_____。

5. 操作系统的功能由 5 个部分组成,即处理器管理、存储器管理、_____、_____和作业管理。

第二章　Windows 7 操作系统

在计算机上的一些操作,如文件的存取、Internet 上各站点的访问、朋友之间的网络聊天,甚至游戏的玩乐进阶等,一切似乎都在我们的掌控之中。

实际上,我们对计算机或智能手机的操控自如,离不开操作系统(Operating System,OS)的帮助,可以说操作系统是操作计算机的得力助手。

本章将介绍操作系统相关基础知识和 Windows 7 操作系统的基本操作。

知识目标

◆　了解操作系统的基本概念、发展及分类。

◆　了解操作系统的基本功能。

◆　理解文件系统的相关概念。

◆　掌握 Windows 7 系统的基本操作。

◆　掌握 Windows 7 系统文件及文件夹的基本操作。

◆　掌握 Windows 7 系统桌面环境的设置。

◆　了解 Windows 7 系统控制面板的作用及相关工具的使用。

技能目标

◆　学会 Windows 7 系统的基本操作。

◆　学会 Windows 7 系统的文件管理。

◆　学会 Windows 7 系统桌面环境的设置。

◆　学会 Windows 7 系统常用配置程序及相关工具程序的使用。

任务一　认识操作系统

一、任务描述

小王是某大学计算机专业的学生,放寒假时,隔壁读初中的李小妹向其请教有关 Windows 的相关知识,小王经过一番思考后,决定从以下几个方面向李小妹简要介绍 Windows。

①Windows 是一个操作系统。

②操作系统的基本概念。

③操作系统的基本功能。

④操作系统的分类。

⑤操作系统的发展历程。

⑥Windows 7 系统的新特性。

⑦Windows 7 系统开关机。

二、任务准备与实施

1.操作系统的分类

按照系统资源共享级别,操作系统可分为单任务系统(如 DOS 系统)、多任务系统(如 Windows 系列系统)、单用户系统(如 Windows 系列系统)、多用户系统(如 Windows 服务器系列、Unix、Linux 等系统)。Windows 7 系统属于单用户多任务计算机操作系统。

> **想一想**
>
> 目前,主流的智能手机操作系统有哪些? 它们分别是单用户系统还是多用户系统? 是单任务系统还是多任务系统?

2.操作系统的发展历程

Windows 系列操作系统已经有 30 多年的历史,经历了从 Windows 1.0 到 Windows 10 以及 NT 3.1 到 Windows Server 2012 的发展历程,如图 2-1 所示。

Windows 7 系统由微软公司于 2009 年 10 月 22 日正式发布,它继承了 Windows XP 的实用和 Window Vista 的华丽,是对 Windows 系列操作系统的一次重要的升华,是目前比较流行并且非常好用的操作系统之一。Windows 7 系统包含 6 个版本,常见的版本有 Windows 7 Home Basic 版(家庭基础版)、Windows 7 Professional(专业版)、Windows 7 Ultimate (旗舰版)等。64 位版本的 Windows 7 系统可应用于内存超过4G 的计算机。

图 2-1　Windows 系列操作系统的发展历程(1985—2016 年)

一般认为 Windows 8 与 Windows Vista 相似,是一个失败的过渡性产品,所以才有了现在的 Windows 10。

3. Windows 7 系统的新特性

①家庭组(Home Group):在家庭网络中轻松共享文件和打印机。

②跳转列表(Jump Lists):快速访问常用的图片、歌曲、网站及文档。

③贴靠(Snap):一种在桌面上调整窗口大小和比较窗口的快捷方式。

④Windows 软件包(Windows Essentials):通过一次免费下载即可获得的一整套功能强大的程序。

⑤搜索(Windows Search):可以即刻在计算机上找到所需的文件。

⑥Windows 任务栏:更完善的缩略图预览、更易于查看的图标和更丰富的自定义方式。

⑦完全支持 64 位:Windows 7 系统可充分利用功能强大的 64 位计算机。

⑧更加个性化:可利用有趣的新主题、幻灯片或方便的小工具重新装点你的桌面。

⑨性能改进:更快的休眠和恢复、更低的内存需求、更快速的 USB 设备检测。

⑩播放到(Play To):在家中的其他计算机、立体声设备或电视上播放媒体内容。

⑪远程媒体流(Remote Media Streaming):欣赏你家中的计算机上的音乐和视频,即使你不在家中也可以。

⑫Windows 触控(Windows Touch):如果有触控屏,就不需要一直使用键盘或鼠标。

4. Windows 7 系统的开关机

（1）启动 Windows 7

启动 Window 7 系统一般应依次按下显示器和主机的电源按钮，正常情况下半分钟左右就能见到 Windows 7 的登录画面，然后单击一个用户并输入正确密码即可进入系统。

> **知识拓展**
>
> 计算机的启动分为冷启动、热启动和复位启动。冷启动：通过按计算机的 Power 键（电源键）启动计算机；热启动：进入系统后通过操作系统重启计算机；复位启动：通过按机箱上的 reset 按钮重启计算机。其中冷启动和复位启动对计算机硬件的损伤比较大，而热启动对硬件基本不造成损伤。

（2）退出 Windows 7

单击"开始按钮"（进入系统后左下角圆形窗按钮）后会弹出"开始"菜单，选择右下部分的"关机"命令（移动鼠标到"关机"按钮，然后单击鼠标左键）就可以关闭 Windows 系统。

如果选择向右的小三角按钮" "还会弹出如图 2-2 所示的菜单。其中："睡眠"指的是系统运行在低功耗状态下，移动鼠标或按任意键可以唤醒系统，就像晚上我们睡觉一样；"休眠"指的是系统已被关闭只有再次按电源键才能恢复系统，就像青蛙、蛇等动物的冬眠一样；"注销"和"切换用户"都可

图 2-2　Windows 7 系统的退出

换个用户登录，但前者的当前用户程序会被关闭，而后者则不会关闭；"锁定"可以在离开计算机时，使得计算机更安全，如再次进入系统，需要使用密码才能进入。

> **知识拓展**
>
> 按"Alt + F4"组合键再按"Enter"键可直接关闭 Windows 7 系统（所有窗口都最小化的情况下才可以）。

任务二　文件夹管理

一、任务描述

一天，小王去李小妹家串门，正好看到李小妹在玩计算机，而李小妹的计算机桌面如图 2-3 所示。

图 2-3　李小妹的计算机桌面

　　小王有"密集恐惧症",他三下五除二就把李小妹的计算机桌面变成如图 2-4 所示的界面。

图 2-4　整理后的计算机桌面

如何才能实现如图 2-4 所示的桌面效果呢?

二、任务准备

1. 认识并设置 Windows 7 系统桌面

(1)Windows 7 系统桌面构成

　　登录 Windows 7 系统后首先展现在我们眼前的就是"桌面"。"桌面"是完成其他操作的开始点,包括各种桌面图标、任务栏以及桌面小工具等,如图 2-5 所示。

　　桌面图标由一幅形象的小图标和功能说明文字组成,双击这些图标可快速打开某个文件夹或文件或应用程序。

图 2-5　Windows 7 系统桌面

任务栏默认位于屏幕底部,包括"开始"按钮、程序按钮区、语言栏、通知区以及最右边的"显示桌面"按钮。单击"开始"按钮可打开"开始"菜单;单击程序按钮区中的图标可快速打开对应的程序,如果已经有打开的文档或窗口,当鼠标悬停或经过这些按钮时会显示出当前打开的所有窗口的缩略图;语言栏可以设置输入法;通知区有一些小图标表示正在运行的程序,这些程序可能会弹出一些消息窗口通知用户;单击"显示桌面"按钮可以快速回到桌面并最小化已打开的窗口。

桌面小工具是 Windows 7 系统新增加的一个组件,可以提供一些即时信息,如可以实时显示当前时间、显示图片幻灯片等。

（2）个性化 Windows 7 系统桌面

①添加桌面图标

一般安装好 Windows 7 系统时,桌面上的图标并不多,可能只有一个"回收站"图标,如果需要使用"我的电脑"或其他图标,可以手动添加,其方法如下所述:

a. 在桌面空白处单击鼠标右键,在弹出的快捷菜单中选择"个性化"命令,此时会弹出"个性化"设置窗口,如图 2-6 所示。

图 2-6　"个性化"设置窗口

b.该窗口的左窗格中,单击"更改桌面图标"项(即矩形框所示),会弹出如图 2-7 所示的"桌面图标设置"对话框。

图 2-7 "桌面图标设置"窗口   图 2-8 "桌面背景"窗口(设置桌面定期变换背景)

c.在该对话框中,勾选需要的桌面图标项并单击"确定"按钮或"应用"按钮即可添加好图标。

②设置可定期变换的桌面背景

a.在桌面空白处单击鼠标右键,在弹出的快捷菜单中选择"个性化(R)"命令,此时会弹出"个性化"设置窗口。

b.单击下方的"桌面背景"选项(即椭圆形框所示),此时会弹出如图 2-8 所示的窗口。

c.在该窗口中,可以设置桌面背景,如"幻灯片式"播放的图片位置、选择哪些图片、图片在桌面中的位置(填充、拉伸、平铺、居中、适应)以及图片切换的时间间隔等(如图中 ⎡1⎦、⎡2⎦、⎡3⎦、⎡4⎦ 所示)。

知识拓展

如果使用笔记本电脑时,在没有接入电源的情况下,如何让 Windows 7 系统暂停幻灯片放映以节约电源?

③设置屏幕保护程序

a.在桌面空白处单击鼠标右键,在弹出的快捷菜单中选择"个性化"命令,此时会弹出"个性化"设置窗口,如图 2-6 所示。

b.单击右下方的"屏幕保护程序"项,此时会弹出如图 2-9 所示的"屏幕保护程序设置"对话框。

c.在该对话框中,可按图中所示顺序依次进行设置。要使计算机更安全,应勾选"在恢复时显示登录屏幕(R)"复选框。

图 2-9 "屏幕保护程序设置"对话框

④添加桌面小工具

a. 在桌面空白处单击鼠标右键,在弹出的快捷菜单中选择"小工具"命令项。

b. 此时会弹出如图 2-10 所示的窗口,选择你需要的工具,按下鼠标左键不放拖动到桌面预想的位置即可。当然,也可删除桌面小工具,其方法是移动鼠标到想要删除的桌面小工具图标上,此时在小工具图标的右上角会出现" ✕ "按钮,单击该按钮就可删除该桌面小工具。

图 2-10 桌面小工具的设置

⑤设置任务栏

a. 在任务栏的空白处或在 Windows 7 系统的"开始"按钮处(任务栏左边圆形窗形按钮),单击鼠标右键,在弹出一个快捷菜单中选择"属性(R)"命令项,打开"任务栏和[开始]菜单属性"设置对话框,如图 2-11 所示。

b. 在该对话框中可以锁定任务栏,也可以自动隐藏任务栏,还可以使用 Aero Peek 预览桌面效果等。

另外,在该对话框的"[开始]菜单"选项卡中,还可自定义"开始"菜单(如 Jump Lists

跳转列表的数目等)以及设置按下机器上的电源按钮的操作,如是关机还是休眠等。

图 2-11　"任务栏和[开始]菜单属性"对话框

知识拓展

　　在桌面空白处,单击鼠标右键,在弹出的快捷菜单中选择"查看(V)"命令,在弹出的子菜单中,如果不勾选"自动排列图标(A)",桌面上的图标就可排列出任意形状。

2. 认识并操作窗口

(1)窗口的组成

　　当打开一个程序或一个文件夹时,会显示一个方形的区域,该区域称为窗口。一个典型的 Windows 7 系统文件夹窗口包含标题栏、控制按钮区、地址栏、搜索框、菜单栏、工具栏、导航窗格、内容显示窗格、详细信息面板、状态栏等,如图 2-12 所示。

图 2-12　窗口组成图

（2）窗口的操作

● 关闭窗口：单击控制按钮区中的"关闭"按钮可关闭窗口，或者按"Alt＋F4"键也可关闭窗口。

● 移动窗口：移动鼠标到标题栏，按下鼠标左键不放拖动鼠标到相应位置可实现窗口的移动，也可使用控制菜单上的"移动"命令来移动菜单。

● 改变窗口大小：利用"最大化"按钮、最小化按钮可使窗口最大化或最小化。也可手动调整窗口的大小：移动鼠标指针到窗口的四周边界，当看到鼠标指针变成"↔"或"↕"时按下鼠标左键拖动鼠标可进行窗口的水平调整或垂直调整；当移动到窗口的某个角边缘，鼠标指针变成"⬈"或"⬊"时，按下鼠标左键拖动鼠标可对窗口的宽、高进行等比例大小调整。

● 切换窗口：在任务栏上的程序按钮区停留并单击某个预览窗口可实现窗口的切换；使用组合键也可快速切换窗口："Alt＋Tab""Alt＋Esc""Win＋Tab"（Win 键为 Windows 徽标键）。

● 排列窗口：Windows 7 系统窗口的排列方式有层叠窗口、堆叠窗口、并排显示窗口、显示桌面 4 种方式，可通过鼠标右键单击任务栏的空白部分在弹出的快捷菜单中选择某一项来排列窗口，如图 2-13 所示。

图 2-13　窗口的排列

3. 认识并操作菜单

（1）常见菜单类型
①开始菜单（单击"开始"按钮出现的菜单）。
②控制菜单（单击窗口左上角出现的菜单）。
③快捷菜单（选择对象后，单击鼠标右键出现的菜单）。
④命令菜单（出现在菜单栏里的菜单）。
菜单中的各种标记及其含义见表 2-1

表 2-1　菜单中的各种标记及其含义

标记名	示　例	含义说明
省略号	文件夹选项(O)…	选择该命令一般将出现一个对话框
三角符号	排序方式(O) ▶	鼠标指向或单击该命令将弹出其下一级子菜单
勾	✓ 菜单栏	该功能当前有效，一般可选择多项，再次单击可使当前项无效并取消打勾
圆点	◉ 详细信息(D)	该功能当前有效，一般只能单选

续表

标记名	示　例	含义说明
灰色选项	复制(C) 粘贴(P)	如"复制"功能,表示当前不可用
字母	复制(C) 粘贴(P)	热键,如粘贴(P),在打开该菜单时按下"P"键可执行该粘贴命令
组合键	粘贴(P)　　　　Ctrl+V	快捷键,如在未打开该菜单时按下"Ctrl + V"可执行粘贴命令

（2）操作菜单

①打开菜单

移动鼠标到菜单栏的某个菜单,然后按下鼠标左键可打开当前菜单并出现一个下拉菜单,接下来可选择想要执行的命令（功能）;通过快捷键或热键执行菜单的某项命令（功能）。

②关闭菜单

移动鼠标离开已经打开的下拉菜单,在该下拉菜单以外的地方,一般是空白的地方,单击鼠标左键,即可关闭菜单;直接按"Esc"键也可关闭菜单。

4.认识并操作对话框

为了进一步和计算机交互,我们还必须和对话框打交道。当操作带有省略号标记的菜单命令时,一般就会弹出一个对话框,给操作提供进一步的说明和操作提示。也可把对话框当成一个特殊的窗口。表2-2列出了对话框和窗口的异同点。

表2-2　对话框与窗口的比较

比较项目	窗　口	对话框
菜单栏	有	无
窗口大小	可调节	不能调节
控制按钮	有最小化、最大化、还原按钮	一般只有关闭按钮
控制菜单	有	无或简化的控制菜单
帮助按钮　？	一般没有	有

Windows 7 系统对话框一般可由以下某几个元素组合而成:标题栏、选项卡、组合框、文本框、单选按钮、复选框、数值微调按钮/滑块、列表框等,如图 2-14 至图 2-17 所示。

图 2-14　选项卡

图 2-15　文本框

图 2-16　鼠标双击速度设置滑块

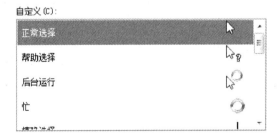

图 2-17　鼠标指针自定义列表框

5.认识文件系统

（1）文件

文件是操作系统存取磁盘信息的基本单位,是一个具有符号名的一组相关联元素的有序集合。通俗地讲,文件表示可运行的程序和包括文本、图形和数值等在内的数据。为了方便用户使用软件资源,现代操作系统提供了管理文件的软件机构,即文件系统。从用户的角度看,文件系统实现了对文件的"按名存取";另一方面,从操作系统的角度看,文件系统主要实现了文件存储空间的组织、分配以及文件的存储、检索、共享、保护等管理。常见的文件系统格式有 FAT32、NTFS、ext3、JFS 等,Windows 7 操作系统支持 NTFS、FAT32 等文件系统,Unix、Linux 操作系统则支持 ext2、ext3、ext4 等文件系统。

（2）文件夹

文件夹是组织文件的一种方式,可根据文件的类型或功能把某些文件放置在一起。其主要作用是管理计算机上的文件,规范各种资源的管理。每一个文件夹对应一块磁盘空间,它提供了指向对应磁盘空间的地址。在某些系统中如 Linux 操作系统,文件夹实际上也是一种文件,就连设备在操作系统看来同样也是文件。

文件夹也称为目录,文件夹下的文件夹可称为子文件夹或子目录。

（3）文件名

每个文件都必须有文件的名字,称为"文件名"。在 Windows 系统中,文件名由文件标识符和文件扩展名两部分组成,中间用点号(即".")分隔。一般有如下形式:【文件名】.【扩展名】,其中不包括"【"或"】"符号。如 jsj · docx 表示文件标识符为 jsj,扩展名为 docx(说明这是一个 Word 文件)。

在 Unix 或 Linux 系统里,文件的扩展名不是必需的,即使在 Windows 系列的系统里也不是必需的。

在 Windows 7 系统下,文件(夹)名的命名有以下限制:

①文件名字符不能太多:一般不应超过 255 个字符。

②第一个字符一般不能是空格或点号("．")(如果是空格系统将直接删除,如果文件夹是点号开头则不能创建或修改文件夹名)。

③这 9 个字符不能出现在文件或文件夹名中:/(斜杠)、\(反斜杠)、|(竖杠)、<(小于)、>(大于)、:(冒号)、?(问号)、*(星号)、"(英文引号)。

④同一文件夹下不能有相同的文件名或文件夹名。另外,Windows 7 系统不区分大小写,而 Unix、Linux 系统则须区分大小写。

（4）文件类型

在 Windows 7 系统中,文件名中可能包括扩展名,这为区分文件类别提供了极大的方便,也为 Windows 系统打开文件或运行程序提供了便利。表 2-3 列出了 Windows 中常见的一些文件类型。

表2-3　常见文件扩展名

扩展名	类型说明	扩展名	类型说明	扩展名	类型说明
EXE	可执行文件	RM	声音视频文件	FON	字体文件
COM	命令文件	RMVB	声音视频文件	CAL	日历文件
BAT	批处理文件	WAV	声音文件	DOC	Word 文件
SYS	系统文件	MP3	声音文件	DOCX	Word 文件
DLL	动态链接文件	MP4	声音视频文件	XLS	Excel 文件
TXT	文本文件	MPEG	声音视频文件	XLSX	Excel 文件
BMP	位图文件	INI	初始化文件	PPT	PowerPoint 文件
JPEG	图像文件	BAK	备份文件	PPTX	PowerPoint 文件
AVI	声音视频文件	DRV	设备驱动文件		

（5）快捷方式/链接

文件（夹）的快捷方式或链接只是一个文件（夹）的链接，该快捷方式或链接并不存储链接的文件。在 Windows 7 系统中，用鼠标双击一个文件（夹）的快捷方式与双击其链接到的文件（夹）其实际效果是一样的。

（6）文件（夹）路径

Windows 7 系统使用文件夹来管理文件，一个文件夹中还有子文件夹，子文件夹中还有子文件夹，这样就形成了一个树形层次结构。如图 2-18 所示，"大王叫我来巡山. mp3"这个文件的路径是：D:\好听歌曲\大王叫我来巡山. mp3（文件夹的路径用右斜杠来分隔子文件夹或子文件）。

图 2-18　文件夹的树形层次结构

6. 操作文件夹

（1）打开资源管理器

Windows 7 系统资源管理器是管理文件的重要工具，可直接双击桌面上的"计算机"图标打开，或使用组合键"Win + E"打开。

打开资源管理器后，其左侧部分为导航窗格，右侧部分为内容显示窗格。导航窗格依次包括收藏夹、库、计算机和网络，其中收藏夹包括"最近访问的位置"，使用起来非常方便；库是 Windows 7 系统提供的新的文件管理方式，是用户指定的特定内容的集合，这些内容可能分散在不同位置，可以创建新的库或设置已有的库。在导航窗格部分，单击空心三角按钮" ▷ "可展开下级文件夹，而单击斜向实心三角按钮" ◢ "可以收拢下级文件夹。

图2-19　文件夹显示视图模式

Windows 7 系统的文件夹显示视图模式,包括超大图标、大图标、中等图标、小图标、列表、详细信息、平铺、内容。使用工具栏上右侧的"更改您的视图"按钮" 📑 ▾"可以设置文件夹的显示视图模式,其中单击该按钮的左侧部分可以依次切换视图模式,单击右侧的倒三角按钮可以选择一种视图模式,如图2-19所示。也可以使用鼠标的滚轮来选择,还可以使用鼠标单击某个视图模式。另外,也可以在浏览文件夹时,按住"Ctrl"键,然后使用鼠标滚轮即可切换视图模式。

（2）新建文件

有些程序打开时就会新建文件,如Office程序、记事本程序。另外,也可以在桌面或资源管理器窗口的空白处单击鼠标右键,在弹出的菜单中选择某一种类别的文件来创建,此时该文件将创建在当前文件夹下。

（3）新建文件夹

使用文件夹可分门别类地整理文件,创建文件夹时首先应进入新文件夹所处位置的上一级文件夹。如需要在D盘下创建文件夹,可以双击桌面上的"计算机"图标,在导航窗格里选择D盘,在内容显示窗格的空白处单击鼠标右键,在弹出的快捷菜单中选择"新建（W）"命令,在其子菜单中选择"文件夹（F）",在文件夹名框里输入文件夹名字,按"Enter"键完成新建文件夹。

在新建文件夹时,也可使用文件菜单或"新建文件夹"按钮来创建文件夹。

（4）创建快捷方式

快捷方式是文件或文件夹或磁盘驱动器的一个链接,其图标的左下角有" 🔗 "标志,删除快捷方式不会影响其链接的对象。

打开要创建快捷方式的文件夹,在其内容显示窗格的空白处单击鼠标右键会弹出快捷菜单或选择"文件"菜单,在菜单中选择"新建（W）"命令,在其子菜单中选择"快捷方式（S）"命令,会弹出"创建快捷方式"对话框,设置好要链接对象的位置和快捷方式名称,就可创建好快捷方式。

知识拓展

先选定对象,然后单击鼠标右键,在弹出的菜单中选择"发送到（N）"命令,在子菜单中选择"桌面快捷方式",这样就可在桌面上创建该对象的快捷方式,还可以重命名或复制、粘贴该快捷方式。

（5）选定文件或文件夹

对文件或文件夹操作之前,一般都需要选定文件或文件夹。选定的文件或文件夹会加上浅蓝色的框。有以下几种选定文件或文件夹的场景:

• 选定单个对象:直接用鼠标单击要选定的对象。

• 选定多个连续的对象:先选定第一个对象,然后按住"Shift"键不放,再单击最后一个对象。

●选定多个不连续的对象：先选定第一个对象,然后按住"Ctrl"键不放,依次单击其余的每一个对象。

●选定全部对象：按组合键"Ctrl + A"即可选定全部对象。

(6)删除或恢复文件(夹)

选定需要删除的文件或文件夹,直接按"Delete"键就可删除。也可单击鼠标右键,然后选择"删除(D)"命令来删除。通过以上方法删除的文件(夹)将进入回收站中,还可到回收站中恢复已删除的文件,其方法是双击桌面上的回收站图标进入回收站,然后选择需要恢复的对象,选择文件菜单或单击鼠标右键在弹出的菜单中选择"还原(E)"命令即可恢复被删除的文件或文件夹。

回收站是 Windows 系统用来存放临时删除的文档资料的一个特殊文件夹,它是硬盘上的一块临时存储空间。

> **知识拓展**
>
> 　如果我们能确定某个文件(夹)不再需要,选中该对象后,使用组合键"Shift + De-lete"可直接删除该对象,而不会进入回收站。

> **注意**
>
> 　从移动存储器里(如 U 盘、移动硬盘、软盘等)或网络共享上删除的文件不会进入回收站。

(7)重命名文件(夹)

●单个文件(夹)的重命名：选定需要重命名的文件(夹)后,单击鼠标右键,在弹出的快捷菜单中选择"重命名(M)"命令,在文件(夹)名框中输入新的名称,按下"Enter"键即可完成重命名操作。

●批量文件(夹)的重命名：批量文件(夹)的重命名的操作与单个文件(夹)的重命名差不多,只不过重命名后所有对象将被重命名为相似名称,如类似"计算机文化基础(5).doc"这样的名字,其中"(5)"可能是其他序号。

(8)移动或复制文件(夹)

选定文件(夹)后,按下鼠标左键不放,移动鼠标到同盘文件夹可实现【移动】操作,移动到异盘文件夹可实现【复制】操作;如果需要实现同盘【复制】操作,则需要加按"Ctrl"键;如果要实现异盘【移动】操作,则需要加按"Shift"键。也可以使用组合键" Ctrl + C"和"Ctrl + V"的组合操作实现【复制】操作,使用组合键"Ctrl + X"和"Ctrl + V"的组合操作实现【移动】操作。

(9)搜索文件(夹)

Windows 7 提供了一款最为称道的非常强大的搜索功能。

①搜索通配符的含义

通配符可以匹配某些字符,在 Windows 7 中,表2-4 列出了通配符的功能及含义。

表 2-4　通配符的功能及含义

通配符	含　义	示　例	有可能搜索到的文件
?	表示任意一个字符	?Abc?.doc	aAbca.doc、bAbcb.doc、bAbca.doc、…
*	表示任意多个字符(包括 0 个字符)	*Abc*.doc	Abc.doc、aabAbc.doc、Abcba.doc、…

注:使用*.*可以匹配所有对象。

②在开始菜单中的"搜索程序和文件"框中搜索

单击"开始"按钮,在弹出的"开始"菜单下有一个"搜索程序和文件"的文本框,直接输入要搜索的文件(夹)名或包含的内容,就可搜索出相关的文件或程序。如果是一个程序,将直接打开该程序,如在其中输入"cmd",将打开命令行窗口程序。

注意

从"开始"菜单中搜索出的结果只会显示已经建立索引的内容。此处的索引指的是相关文件或文件夹的详细内容的集合,通过索引可快速找到想要的文件。

③在资源管理器窗口中搜索

直接在资源管理器窗口的左上部(即地址栏的右侧,控制按钮区下面)的搜索框中,键入要搜索的文件名或文件夹名可实现即时搜索。

图 2-20　搜索文件时的筛选器

④使用筛选器搜索

如图 2-20 所示,可以添加种类、修改日期、类型、名称等的筛选器,使用一个或多个筛选器的组合可缩小搜索的范围,使搜索到的结果更加准确。

(10)查看或设置文件(夹)的属性

选定文件或文件夹后,通过"文件"菜单或工具栏左侧的"组织"下拉菜单或鼠标右键弹出菜单中的"属性(R)"命令可以查看或设置其属性,如图 2-21 所示。

图 2-21　查看或设置文件属性对话框

　●只读属性：当选中的是文件时，如该复选框被选中后，就不能修改该文件，而只能另存为别的文件；当选中的是文件夹时，如该复选框被选中后，该文件夹下的文件及其子文件夹的属性将被设置成只读（文件内容将不能修改）。

　●隐藏属性：当该复选框被选中后，该文件夹或文件通常情形下不可见。如果需要查看该文件夹，可通过地址栏输入其绝对路径来查看或者通过设置文件夹的选项来显示隐藏文件或文件夹（在其上一级文件夹中，单击"工具"菜单，选择"文件夹选项(O)…"命令，选择"查看"选项卡，单击"不显示隐藏的文件、文件夹或驱动器"单选按钮可实现隐藏文件、文件夹或驱动器，单击"显示隐藏的文件、文件夹和驱动器"单选按钮可实现显示文件、文件夹和驱动器），如图 2-22 所示。

图 2-22　使用"文件夹选项"对话框设置显示或隐藏文件(夹)

　●存档属性：该属性是用来标记文件改动的，即在上一次备份后文件有所改动，一些备份软件在备份时会只备份带有存档属性的文件，备份后会把存档属性取消。大多数情况下无须勾选该复选框。

　●压缩属性：勾选该属性，将压缩文件或文件夹以节省磁盘空间，如图 2-21 所示。

　●加密属性：勾选该属性，将加密文件或文件夹，首次加密时系统会自动创建加密证书，如果证书和密钥已丢失或受损，并且没有备份，则无法使用经过加密的文件，因此应备份该证书文件（Windows 7 家庭版以及非 NTFS 分区无法使用加密属性），如图 2-21 所示。

　●其他属性：如文件类型、打开方式、位置、大小、占用空间、创建时间、修改时间、访问时间、安全相关属性等，有的属性可手工更改，有的属性则不能手工更改。

知识拓展

　　在图 2-22 中，可以取消勾选"隐藏已知文件类型的扩展名"复选框（图中标记方框之下），以便显示文件类型的扩展名。

三、任务解决方案

根据上述情况，拟订如下解决方案：

①设置个性化桌面，如设置定期变换的桌面背景，添加如天气、CPU 仪表盘等桌面小工具，设置屏幕保护程序，甚至还可下载专门的桌面管理工具或桌面壁纸。

②所有个人文件保存在 D 盘，一些软件安装文件、音频、视频文件放在 E 盘。

③利用文件夹分门别类地整理各类文件。

④为常用的文件或文件夹在桌面上创建快捷方式（图标）。

⑤一些私密的文件（夹）可设置隐藏属性，为特殊文件设置打开密码。

⑥为了在桌面把各种图标摆放成心形图案，应取消勾选"自动排列图标"。

四、任务实施

1. 设置桌面

在桌面空白处，单击鼠标右键，选择"个性化（R）"命令，在个性化窗口中（见图 2-6）可作如下设置：

①添加需要的桌面图标如"计算机"图标、"用户的文件"图标、"控制面板"图标等，如图 2-7 所示。

②设置定期变换的桌面背景，在 D 盘创建"桌面背景"文件夹，复制自有图片或下载网络上心仪的图片到这个文件夹，选择该文件夹作为桌面背景图片的来源，设置桌面背景图片的位置为"填充"，并设置更改图片时间间隔为 30 s，如图 2-8 所示。

③设置屏幕保护程序为"彩带"，等待时间设置为 3 min，并勾选"在恢复时显示登录屏幕（R）"，如图 2-9 所示。

2. 添加桌面小工具

添加 3 个桌面小工具，如天气、CPU 仪表盘、时钟，并放置在桌面的右上角位置。

3. 创建文件夹

使用组合键"Win + E"打开资源管理器，双击 D 盘，在 D 盘的空白处通过单击鼠标右键，在弹出的快捷菜单中选择"新建（W）"命令及随后的子菜单中选择"文件夹（F）"命令，创建以下几个文件夹：桌面背景、作业（其中可创建如语文、数学、英语等文件夹）、日记、照片等，同时使用组合键"Ctrl + X"和"Ctrl + V"移动已有文件到相应文件夹。

使用与上面同样的步骤在 E 盘创建如下文件夹：软件、电影（可按电影类别创建相关子文件夹)、音乐(可按歌手名创建相关子文件夹)、搞笑视频等文件夹,同时使用组合键"Ctrl + X"和"Ctrl + V"移动已有文件到相关文件夹。

4.创建快捷方式(图标)

为作业、照片、音乐等文件夹在桌面创建快捷方式。

①在 D 盘或 E 盘中,选择相应文件夹,单击鼠标右键,在弹出的快捷菜单中选择"发送到(D)"命令,在其子菜单中再选择"桌面快捷方式"命令。

②选择该快捷方式,单击鼠标右键,在弹出的快捷菜单中选择"重命名(M)"命令(见图2-23),为该快捷方式设置一个好的名字;选择该快捷方式,单击鼠标右键,在弹出的快捷菜单中选择"属性(R)"命令,在弹出的对话框中单击"更改图标"按钮,这时会弹出"更改图标(C)…"的对话框,如图 2-24 所示,这样就可为该图标或快捷方式设置一个个性化的图标。

图 2-23　快捷方式的"属性"对话框

图 2-24　"更改图标"对话框

5.隐藏某些文件或文件夹,为特殊文件设置打开密码

把"日记"文件夹或其中的某个文件设置为隐藏。

①选择要隐藏的对象,单击鼠标右键,在弹出的菜单中选择"属性(R)"命令,如图 2-21 所示,勾选"隐藏(H)"复选框以隐藏对象。同时在该对象的上级文件夹中选择"工具(T)"菜单中的"文件夹选项(O)…"命令,在弹出的对话框中单击"查看"选项卡,在"高级设置"组合框中,确认"不显示隐藏的文件、文件夹或驱动器"单选按钮已选中,如图 2-22 所示。

②使用 Word 2010 或 Excel 2010 打开相应文件,依次单击"文件""信息""保护文档"下拉小三角按钮、"用密码进行加密(E)"命令,输入一个复杂的密码,单击"确定"按钮再次输入相同的密码并再次单击"确定"按钮即可,如图 2-25 所示。

图 2-25　对 Word 文件设置打开密码

6.设置桌面图标排列方式

在桌面空白处,单击鼠标右键,在弹出的菜单中选择"查看(V)"命令,在弹出的子菜单中确认未勾选"自动排列图标(A)"项。

7.拖动桌面各图标

在桌面上,移动鼠标到相应图标上,按下鼠标左键不放,拖动桌面上各图标到合适位置,确保摆放成心形或其他有趣形状,可参考图 2- 4。

任务三　控制面板及相关工具的使用

一、任务描述

李小妹的计算机运行速度越来越慢,小王应如何解决此问题?

二、任务准备

1.认识控制面板

控制面板允许用户查看并操作基本的系统设置和控制,如添加硬件、添加/删除软件、控制用户账户、更改辅助功能选项等。可用以下方法进入控制面板:

　•用鼠标双击桌面上的"控制面板"图标。

● 用鼠标单击"开始"按钮,在弹出的"开始"菜单中选择"控制面板"命令。

● 依次单击"开始"按钮→"所有程序"→"附件"→"系统工具"→"控制面板",进入控制面板后如图 2-26 所示,可以通过右上方的"类别"按钮切换控制面板的查看方式。

图 2-26　控制面板

(1)管理程序

一般可通过双击运行一个软件的安装程序(一般是 setup. exe 或 install. exe)来添加一个 Windows 程序,添加好后在"开始"菜单中的"所有程序"子菜单中就会出现该程序项。

如果需要删除某个程序,先进入"控制面板",在"类别"查看方式中找到"程序"图标,单击"卸载程序"按钮,或在"大图标"/"小图标"的查看方式中单击"程序和功能"图标,这样就会打开"卸载和更改程序"窗口,如图 2-27 所示。选定要卸载的程序,并单击"卸载"按钮,一般就能把该程序从系统中删除。

图 2-27　卸载和更改程序

　　另外某些程序也自带程序卸载器,如要卸载 QQ 2013 聊天软件,就可依次单击"开始"按钮→"所有程序"→"腾讯软件"→"QQ 2013"→"卸载腾讯 QQ",其卸载效果和通过"程序和功能"卸载相同。

　　(2)设置区域和语言

　　在控制面板中,用鼠标双击"区域和语言"打开"区域和语言"对话框,如图 2-28 所示,在该对话框中,可设置数字、日期、时间的显示格式、排序方法、位置、键盘、语言等项。

　　Windows 7 默认预装了多种输入法,如全拼、双拼等,现在较常用的中文拼音输入法软件有搜狗拼音输入法、QQ 拼音输入法、百度输入法等,这些输入法需要安装相应软件才能使用。

　　①添加输入法

　　a.在图 2-28 中选择"键盘和语言"选项卡,然后单击"更改键盘(C)..."按钮,此时将弹出"文本服务和输入语言"对话框,如图 2-29 所示。

　　b.在该对话框中单击"添加(D)..."按钮,将出现如图 2-30 所示的"添加输入语言"对话框,在该对话框中,用鼠标拖动滚动条找到要设置的语言以及需要添加的键盘输入法,并在其前面的复选框中打勾,单击"确定"按钮,然后在"文本服务和输入语言"对话框中用鼠标单击"确定"按钮或"应用(A)"按钮即可添加好输入法。

　　如果要查看添加的输入法,可单击任务栏上的"语言栏"选项卡即可看到新添加的输入法。

图 2-28　"区域和语言"对话框

图 2-29 "文本服务和输入语言"对话框

图 2-30 "添加输入语言"对话框

②删除输入法

a. 移动鼠标并单击右键点击任务栏上的语言栏按钮,在弹出的快捷菜单中选择"设置"命令,打开如图 2-29 所示的"文本服务和输入语言"对话框。

b. 在该对话框下面的"已安装的服务(I)"列表中选择要删除的输入法,单击"删除(R)"按钮并单击"确定"或"应用(A)"按钮即可删除该输入法。

●切换输入法

在进行文字输入时,使用"Ctrl + Shift"可以在不同输入法间进行切换;使用"Ctrl + 空格键"可以切换中英文输入法(搜狗拼音输入法直接按"Shift"键);使用"Shift + 空格键"可以切换全角/半角输入(全角输入时英文字符大小是半角的两倍,中文字符一样大小);使用"Ctrl + 点号键"可以切换中英文标点符号。

（3）管理打印机

在控制面板中，双击"设备和打印机"将打开"设备和打印机"窗口，在该窗口中可以管理打印机、传真机、摄像头、移动存储等设备。

打印机是一种可以将计算机计算的结果打印在诸如纸张的介质上的输出设备，按照打印机的工作方式一般可分为针式打印机、喷墨打印机和激光打印机。

①添加打印机

a. 单击"设备和打印机"窗口工具栏上的"添加打印机"按钮，此时将弹出如图 2-31 的对话框，根据需要选择"添加本地打印机（L）"（直接用线缆与计算机相连）或"添加网络、无线或 Bluetooth 打印机（W）"。

b. 若选择本地打印机，将弹出图 2-32 所示的对话框，按照连接情况，一般选择 LPT1 端口，某些支持网络访问的打印机可能需要创建新的"Standard TCP/IP Port"。

图 2-31 "添加打印机"对话框

图 2-32 "选择打印机端口"对话框

c. 在如图 2-32 中选择的是 LPT1 端口，单击"下一步（N）"按钮，将安装打印机驱动软件。如图 2-33 所示，在该对话框中用滚动条找到打印机的生产厂商及其型号。如果没有找到对应的型号，可单击"从磁盘安装（H）…"按钮，在磁盘里找到打印机驱动程序（该驱动程序一般随打印机设备附赠予光盘或从厂商的官网下载），然后进行安装。

图 2-33　"安装打印机驱动程序"对话框

d. 在图 2-33 中选择好要安装的打印机型号后,单击"下一步(N)"按钮,将弹出"键入打印机名称"对话框,设置好一个有意义的打印机名字后,然后单击"下一步(N)"按钮将询问是否共享打印机,如果选择共享打印机,在同一网络里的其他计算机将可使用该打印机来打印文档。

e. 继续单击"下一步(N)"按钮将完成打印机的安装,在弹出的对话框中可设置刚添加的打印机为默认打印机,还可进行打印测试。

②删除打印机

a. 在"设备和打印机"窗口里找到要删除的打印机,选定并单击鼠标右键,在弹出的快捷菜单中选择"删除设备"命令。

b. 在确认"删除设备"对话框中单击"是"按钮即可删除该打印机。如果该打印机是默认打印机,删除后排在其前面的打印机将被设置为默认打印机。

③设置默认打印机

如果你经常使用多个打印机,你可以选择一个打印机作为默认打印机,在打印时,Windows 和其他程序将会自动使用该打印机。

在"设备和打印机"窗口中找到要设置成"默认打印机"的打印机,选定并单击鼠标右键,在弹出的菜单中选择"设为默认打印机"命令,此时将看见该打印机图标左下角有一个复选标记"✅"。

④管理打印作业

一旦文档或照片开始打印,可通过打印列队暂停或取消打印。打印队列显示正在打印或等待打印的内容,同时还显示一些方便的信息,如作业状态、谁正在打印什么内容以及还有多少页尚未打印。

在"设备和打印机"窗口中找到要管理作业的打印机,选定并单击鼠标右键,在弹出的菜单中选择"查看现在正在打印什么"命令(当有打印作业在打印时,也可通过任务栏上的通知区域图标""打开该窗口),将会弹出如图 2-34 所示的窗口,在该窗口中可通过选定某项打印作业然后单击鼠标右键来暂停、取消或重新启动打印作业。

图 2-34　管理打印作业窗口

（4）使用设备管理器

使用"设备管理器"可查看和更改设备属性、安装或更新设备驱动程序、配置设备和卸载设备。在"控制面板"中双击"设备管理器",将打开"设备管理器"窗口,如图 2-35 所示。

单击图 2-35 中的空心三角按钮" ▷ "可展开当前项下的设备,此时该按钮将变成斜向实心三角按钮" ◢ ",单击此按钮将收拢当前项下的设备。选定某项设备并鼠标右键单击它将可查看该设备的属性、禁用设备、卸载设备、更新驱动程序软件以及扫描检测硬件改动（整个计算机的硬件改动）。

图 2-35　设备管理器窗口

如果在设备管理器中看到某个设备的图标上出现向下的箭头,如声音设备图标变成"🔊",则表明该设备被禁用了,通过右键快捷菜单启用该设备即可正常工作。如果看到有感叹号如声音设备图标变成"🔊",表示该设备驱动程序安装不正确或根本就没有安装设备驱动程序,可通过右键菜单卸载该设备并扫描硬件改动的方法让系统重新安装驱动程序或手工安装设备驱动程序。

知识拓展

　　使用诸如驱动精灵、驱动人生等软件可简单方便地安装或更新设备驱动程序。

注意

　　所有设备必须正确安装驱动程序后,方能正常使用。

（5）管理 Windows 更新

Windows Update（即 Windows 更新）是一种可阻止或解决某些问题、增强计算机安全性或改善计算机性能的软件附件。微软公司会不定期地发布一些更新程序,改善某些程序或驱动的稳定性,解决一些已发现的问题。使用 Windows Update,Windows 系统能自动发现最新的且适合系统的更新程序。

　　在控制面板中,双击 Windows Update 图标可管理 Windows 更新,如图 2-36 所示。在该窗口中,可以检查更新、更改设置、安装更新或删除更新等。一般来说,"重要更新"是必需的,而"可选更新"或"推荐更新"是可以有选择地更新。

图 2-36　管理 Windows 更新

　　如果需要让计算机自动安装"重要更新",可单击左窗格中的"更改设置"链接,如图 2-37 所示。在该窗口中,可以设置"重要更新"的更新方式为:自动安装更新,下载更新但是让用户选择是否安装更新,检查更新但是让用户选择是否下载和安装更新,从不检查更新。"重要更新(I)"的推荐设置为"自动安装更新(推荐)"。

图 2-37　"更改设置"对话框

知识拓展

　　经常或定期更新 Windows 系统,能修正系统漏洞或程序错误,可减少计算机感染病毒、中木马的概率。另外,也可使用 360 安全卫士等软件进行漏洞修复。

2. 任务管理器的使用

任务管理器显示计算机上当前正在运行的程序、进程、服务、性能、联网和用户。使用 Windows 7 任务管理器可以完成如下操作：

①查看计算机或某个进程的 CPU、内存使用情况。

②查看或结束正在运行的程序及进程。

③查看运行中的服务。

④查看网络使用情况。

启动任务管理器的最简单方式是在任务栏的空白处，单击鼠标右键，在弹出的菜单中选择"启动任务管理器"命令，打开"任务管理器"窗口，如图 2-38 所示。可通过不同的选项卡查看或操作不同的内容，如通过"应用程序"选项卡可查看、切换正在运行的程序或打开某个程序（通过"新任务（N）…"按钮），如图 2-39 所示；通过"性能"选项卡可查看计算机的 CPU、内存的总体使用状况；通过"查看"菜单可调整性能的"更新速度"，如果选择的是"进程"选项卡，还可调整需要显示的列（还可单击"显示所有用户的进程（S）"按钮来显示所有进程）。

图 2-38 任务管理器之"进程"选项卡

选择

图 2-39　任务管理器之"应用程序"选项卡

知识拓展

可使用任务管理器监视计算机的性能或关闭没有响应的程序。

当计算机的运行速度变慢时,可通过任务管理器来分析为什么会变慢,看看是哪些进程占用了大量 CPU 或内存,从而来结束该进程,使计算机运行正常。

3.磁盘工具的使用

当磁盘使用久了之后,不但会产生一些无用的文件浪费磁盘空间,也会产生一些磁盘碎片降低磁盘访问速度。因此,有必要定期做磁盘清理和磁盘碎片整理。

（1）磁盘清理

依次单击"开始"→"所有程序"→"附件"→"系统工具"→"磁盘清理",将打开"磁盘清理:驱动器选择"对话框,选择一个需要清理的驱动器,然后单击"确定"按钮将搜索需要清理或删除的文件,这可能要搜索几分钟的时间。当搜索完成后,将弹出如图 2-40 所示的对话框。在该对话框中,可选择需要清理的内容。一般来说,在"要删除的文件(F)"列表框中的内容基本上都可以删除。

磁盘清理的频率可以是一个月 1～2 次。

图 2-40　磁盘清理对话框

图2-41 驱动器"属性"对话框

(2)磁盘碎片整理

选择一个驱动器,然后单击鼠标右键,在弹出的快捷菜单中选择"属性(R)"命令,在弹出的对话框中选择"工具"选项卡,单击中间部分的"立即进行碎片整理(D)..."按钮,如图2-41所示,将打开"磁盘碎片整理程序",如图2-42所示。Windows 7默认已经设置每周三凌晨1:00对所有驱动器进行磁盘碎片整理,建议单击"配置计划(S)..."按钮修改为每月整理一次,以防频繁访问而损伤磁盘。除了自动进行磁盘碎片整理外,也可手动设置"分析磁盘(A)"和"磁盘碎片整理(D)"进行磁盘碎片整理。

图2-42 磁盘碎片整理程序

在图 2-41 中的驱动器属性对话框中，还可以对驱动器进行差错处理，可自动修复文件系统错误、尝试恢复坏扇区，如图 2-43 所示。如果文件系统或扇区有问题，也可能导致计算机运行变慢。另外，在图 2-41 中，还可对磁盘进行备份，数据备份也是一件很重要的日常工作。

图 2-43 "检查磁盘"对话框

4. 获取帮助

Windows 7 的"帮助和支持中心"是用户身边的"技术专家"，它可随时联机解决所遇到的问题。如果它不能解答，还可联系在线技术支持专家或请求远程协助。

单击"开始按钮"，然后在弹出的"开始"菜单中选择"帮助和支持"命令，进入"Windows 帮助和支持"窗口，如图 2-44 所示。在该窗口中，可直接输入要帮助的主题，实现联机或脱机帮助的搜索，也可浏览计算机入门知识、Windows 的基础知识或按帮助主题浏览。单击窗口右下角的"脱机帮助按钮（N）"可更改联机/脱机帮助，单击窗口左下角的"更多支持选项（M）"可邀请朋友、专家甚至厂商来解决问题。

图 2-44 "Windows 帮助和支持"界面

几乎每个程序或组件都有自己的帮助系统，一般使用"F1"键就可打开其帮助系统，通过这种方式可以快速获取帮助。

三、任务解决方案

针对李小妹的计算机问题,小王拟订了以下排错方案:

①了解最近有没有安装新的硬件或软件,有没有异常声音或异常现象。

②检查在使用计算机时,打开了哪些程序或软件。

③检查计算机正在运行哪些程序或软件。

④查看任务管理器,获取计算机运行状况数据。

⑤清理磁盘,必要的情况下可进行磁盘碎片整理或磁盘差错。

⑥升级 Windows 7 系统、杀毒软件等程序。

⑦使用杀毒软件进行病毒等的查杀。

四、任务实施

1. 了解情况

了解最近有没有安装新的硬件或软件,有没有异常声音或异常现象,在使用计算机时一般会打开哪些程序或软件。

2. 检查计算机软件或程序安装情况

有时,用户可能在比较隐蔽的情况下,不知不觉安装了一些额外的软件。

①双击桌面上的"控制面板"图标进入控制面板。

②设置控制面板的查看方式为"大图标",双击"程序和功能"图标查看软件或程序安装情况,参考图 2-27。

3. 查看任务管理器

①任务管理器程序的运行优先级别比较高,可通过它查看系统运行状况。

• 在"进程"选项卡中,单击"显示所有用户的进程(S)"按钮(注意需要管理员权限)以便能查看所有进程。另外,还可单击每列的列名进行排序,查看哪个进程占用比较多的 CPU 或内存,一旦发现有可疑的进程,可单击"结束进程(E)"按钮结束进程。

• 在"性能"选项卡中,可查看 CPU、内存的使用情况。

②查看 CPU 型号和内存大小。

单击鼠标右键,在弹出的菜单中选择"属性(R)"命令,将弹出"系统"窗口,如图 2-45 所示,重点关注 CPU 的型号、时钟频率以及内存的大小。一般来说,在 Windows 7 系统下,内存在 4 GB 左右是比较合适的,如果只有 2 GB 内存,可再购买一条内存卡。

图 2-45　计算机的"系统"属性窗口

4. 磁盘维护

经过以上步骤的检查,如果计算机运行还比较慢,可尝试进行磁盘清理、磁盘碎片整理和磁盘查错。

(1)对系统盘进行磁盘清理

系统盘即安装操作系统的驱动器,也称为操作系统盘,一般是 C 盘。依次点击"开始"按钮→"所有程序"→"附件"→"系统工具"→"磁盘清理",打开"磁盘清理:驱动器选择"对话框,选择系统盘进行磁盘清理。在图 2-40 中,勾选需要删除的内容,一般默认勾选就可以了。

(2)对系统盘进行碎片整理

磁盘维护时,也可对系统盘进行碎片整理。双击桌面上的"计算机",选择一个驱动器,然后单击鼠标右键,在弹出的快捷菜单中选择"属性(R)"命令,在弹出的对话框中选择"工具"选项卡,单击中间部分的"立即进行碎片整理(D)…"按钮(见图 2-41),将打开"磁盘碎片整理程序",如图 2-42 所示。接下来先选择一个系统盘(一般是 C 盘),再单击"碎片整理(D)"按钮进行磁盘碎片分析。如果有必要,该程序会自动进行磁盘碎片整理。

(3)对系统盘进行磁盘查错

另外,还可对系统盘进行磁盘查错(也需要有管理员权限才能操作)。双击桌面上的"计算机",选择一个驱动器,然后单击鼠标右键,在弹出的快捷菜单中选择"属性"命令,在弹出的对话框中选择"工具"选项卡,单击"开始检查(C)…"按钮(见图 2-41),此时会弹出如图 2-43 所示的对话框,可以勾选"自动修复文件系统错误(A)"和"扫描并尝试恢复坏扇区(N)"复选框。磁盘查错过程比较长。如对系统盘进行查错,可能会弹出如图 2-46 所示的对话框,单击"计划磁盘检查"按钮,将在下次

图 2-46　对系统盘进行查错时弹出的对话框

启动计算机时检查硬盘错误。

5. 升级 Windows 7 系统和软件

（1）升级 Windows 7 系统

在控制面板中，双击 Windows Update 图标可管理 Windows 更新，如图 2-36 所示，单击"安装更新(I)"按钮对 Windows 7 系统进行系统更新。

（2）更新杀毒软件

一般来说，杀毒软件在计算机连接互联网时会自动进行更新，当然也可手动更新以使其是最新的病毒库。

6. 使用杀毒软件扫描整个磁盘

以 360 杀毒软件为例，单击任务栏右侧通知区里的"![icon]"图标会弹出如图 2-47 所示的窗口，单击"全盘扫描"可扫描整个磁盘。

图 2-47　360 杀毒软件中的"全盘扫描"

本章小结

操作系统是计算机系统的心脏与灵魂，其主要功能是实现对硬件与软件资源的管理，具体体现在进程管理、设备管理、存储管理、文件管理及作业管理等方面。操作系统的类型较多，在众多操作系统中，Windows 7 是微软软件公司开发的一款基于图形界面、单用户多任务操作系统。在兼容早期版本操作系统的性能基础上进行升级后，Windows 7 具有较多新特点，能更好地充当用户与计算机之间接口的角色，并更好地支持用户个性化及上网的需求。用户可以进行个性化设置、方便文件管理与搜寻，通过控制面板进行组件或程序的增删以及设备的管理、实时更新、磁盘维护与整理、安全与性能管理等。操作系统是一种系统软件，必须要先熟悉和领会操作系统的基本操作和应用后，才能以此为基础更好地学习和使用其他应用软件。

拓展训练

一、使用 U 盘安装 Windows 7 系统(参考第十章)

二、Windows 7 系统常用快捷键(见表 2-5)

表 2-5　Windows 7 常用快捷键

快捷键	作　用	快捷键	作　用
Alt + F4	关闭窗口或计算机	Ctrl + Esc	弹出开始菜单
Alt + Tab	切换窗口	Ctrl + 点号	切换中英文标点
Alt + Esc	切换窗口	Ctrl + Shift	切换输入法
Alt + 空格	弹出控制菜单	Ctrl + 空格	切换中英文输入
Ctrl + A	选择所有的对象	Shift + 空格	切换全角/半角
Ctrl + C	复制	PrintScreen	全屏截屏
Ctrl + X	剪切	Alt + PrintScreen	对当前窗口截屏
Ctrl + V	粘贴	Shift + Delete	直接删除文件
Ctrl + Z	撤销	Win + E	打开资源管理器
Ctrl + S	保存	Win + D	显示桌面

三、创建计算机用户

操作提示:在控制面板里找到"用户账户",单击进入"用户账户"窗口,继续单击"管理其他账户",在"管理账户"窗口中单击"创建一个新账户",在"创建新账户"的窗口中,建议将同学的账户设置成"标准用户"。

四、隐藏与显示菜单栏

操作提示:在资源管理器中,单击工具栏里的"组织"按钮,在弹出的菜单中选择"布局"命令,在子菜单中勾选"菜单栏"就有了。

五、创建个性化的资源库

操作提示:打开资源管理器,单击左边的导航窗格里的"库",单击工具栏中的"新建库"命令,然后给新库取一个名字如"电影"。双击"电影"这个库,这时由于一个文件夹都没有,系统要求添加,单击"包含一个文件夹"按钮,可选择一个文件夹加入这个库中(不会占用磁盘空间)。如果想添加新的文件夹到已有"库"中,进入该"库",在工具栏下边位置找到"包括:n 个位置"(其中 n 为整数),单击"n 个位置"可添加新的"库"位置。

六、改回默认的浏览器

操作提示:在控制面板中找到"默认程序"(在"开始"菜单里也有),单击打开,在"默认程序"窗口中,单击左边"程序"列表框中的 Internet Explorer,再单击右下部的"将此程序设置为默认值(S)"按钮即可。

任务考核

一、单选题

1. 操作系统是( )的接口。
   A. 软件和硬件　　　　　　　　B. 计算机和外设
   C. 用户和计算机　　　　　　　D. 高级语言和机器语言

2. 操作系统的作用是( )。
   A. 管理和控制系统资源的使用　　B. 把源程序译成目标程序
   C. 实现软硬件的连接　　　　　　D. 数据管理系统

3. 在 Windows 7 系统中,能弹出对话框的操作是( )。
   A. 选择了带省略号的菜单项　　　B. 选择了带向右三角形箭头的菜单项
   C. 选择了颜色变灰的菜单项　　　D. 运行了与对话框对应的应用程序

4. 下面关于 Windows 7 操作系统菜单命令的说法中,不正确的是( )。
   A. 带省略号(...)的命令执行后会打开一个对话框,要求用户输入信息
   B. 命令名前面有符号(√)表示该命令正在起作用
   C. 命令名后面带有符号(▶)的,表明此菜单还将引出子菜单
   D. 命令项呈黯淡的颜色,表示该命令正在执行

5. 在 Windows 7 系统中文件夹名不能是( )。
   A. 12% +3%　　　B. 12-3　　　C. 12 * 3!　　　D. 1&2 =0

6. 下列关于 Windows 7 系统回收站的叙述中,错误的是( )。
   A. "回收站"中的信息可以清除,也可以还原
   B. 每个逻辑硬盘上"回收站"的大小可以分别设置
   C. 当硬盘空间不够使用时,系统自动使用"回收站"所占据的空间
   D. "回收站"中存放的是所有逻辑硬盘上被删除的信息

7. 用通配符搜索文件时,表示前 3 个字符任意、第 4 个字符为 p、扩展名任意的文件名是( )。
   A. ? * ?p * . *　　　B. *** p?. ?　　　C. ??? p. *　　　D. * p?. ?

8. 在 Windows 7 系统文件夹窗口中选定若干个不相邻的文件,应先按住( )键,再单击各个待选的文件。
   A. Shift　　　B. Ctrl　　　C. Tab　　　D. Alt

9. 关于 Windows 7 系统文件命名的规定,不正确的是( )。
   A. 保留用户指定文件名的大小写格式,但不能利用大小写区别文件名
   B. 搜索和显示文件时,可使用通配符"?"和" *"
   C. 文件名可用字符、数字和汉字命名

D. 由于文件名可以使用间隔符"."，因此可能出现无法确定文件的扩展名

10. 在 Windows 7 系统文件夹窗口中共有 50 个文件，全部被选定后，再按住"Ctrl"键用鼠标左键单击其中的某一个文件，有(　　)个文件被选定。

    A. 50　　　　　　　　B. 49　　　　　　　　C. 1　　　　　　　　D. 0

11. 如果要把 C 盘某个文件夹中的一些文件复制到 C 盘另一个文件夹中，在选定文件后，若采用鼠标拖曳操作，(　　)操作可以将选中的文件复制到目标文件夹。

    A. 直接拖曳　　　　　　　　　　B. < Ctrl > + 拖曳

    C. < Alt > + 拖曳　　　　　　　　D. 单击

12. 下列说法错误的是(　　)。

    A. 单击任务栏上的按钮不能切换活动窗口

    B. 窗口被最小化后，可以通过单击它在任务栏上的按钮使其恢复原状

    C. 启动的应用程序一般在任务栏上显示一个代表该应用程序的图标按钮

    D. 任务按钮可用于显示当前运行程序的名称和图标信息

13. 在"对话框"中，选项前有"□"框的按钮是(　　)按钮。

    A. 单选　　　　　　　B. 复选　　　　　　　C. 命令　　　　　　　D. 滚动

14. Windows 7 系统中，激活快捷菜单的操作是(　　)。

    A. 单击鼠标左键　　　　　　　　B. 移动鼠标

    C. 拖放鼠标　　　　　　　　　　D. 单击鼠标右键

15. 粘贴命令的组合键是(　　)。

    A. Ctrl + C　　　　　　B. Ctrl + X　　　　　　C. Ctrl + A　　　　　　D. Ctrl + V

二、判断题

1. 用户可以在"桌面"上任意添加新的图标，也可以删除"桌面"上的任何图标。　(　　)

2. 磁盘上不再需要的软件若要卸载，可以直接删除软件的目录和程序。　(　　)

3. 操作系统是一种最常用的应用软件。　(　　)

4. 在 Windows 7 系统的桌面上删除文件的快捷方式丝毫不会影响原文件。　(　　)

5. 在 Windows 7 系统中，"回收站"被清空后，"回收站"图标不会发生变化。　(　　)

6. 文件是操作系统中用于组织和存储各种文字材料的形式。　(　　)

7. 文件扩展名可以用来表示该文件的类型，不可以省略。　(　　)

8. Windows 7 中支持长文件名或文件夹名，且其中可以包含空格符。　(　　)

9. 在搜索文件时通配符"？"代表文件名中该位置上的所有可能的多个字符。　(　　)

10. 按"Ctrl + F4"组合键可以直接退出 Windows 7。　(　　)

11. Windows 7 系统同时只能运行一个程序。　(　　)

12. Linux 的文件系统与 Windows 的文件系统相互兼容。　(　　)

13. Windows 7 系统的"桌面"实际上是系统盘上的一个文件夹。　(　　)

三、填空题

1. 移动窗口时，只需将鼠标定位到窗口的_____上，拖动到新的位置释放就可以了。

2. _____是管理文件和文件夹的工具。

3. 选定不连续的文件时,要先按下_____键,再分别单击各个文件。

4. 按下_____键,可将当前屏幕复制到剪贴板上。

5. 在 Windows 7 系统的"资源管理器"窗口中,为了使具有系统和隐藏属性的文件或文件夹不显示出来,首先应进行的操作是选择_____菜单中的"文件夹选项"。

6. 在 Windows 7 系统中,当用鼠标左键在不同驱动器之间拖动对象时,系统默认的操作是_____。

7. 文件名分为两部分,主文件名和文件_____,中间用"."分隔,后者可以用来表示该文件的_____。

8. 除了菜单栏菜单外,还有 3 种菜单,分别为_____菜单、_____菜单和_____菜单。

9. 要将当前窗口的内容存入剪贴板,应按_____键。

10. 在 Windows 7 系统中,回收站是_____中的一块区域。

11. 在 Window 7 系统中,可使用通配符"?"和_____代替文件名中的一部分字符。

第三章　文字处理软件 Word 2010 的应用

Word 是一个功能极其强大的文字处理软件,也是日常办公使用频率最高的文字处理软件。Word 除了文字输入、编辑、排版和打印等基本文字处理功能外,还具有图片插入、图形绘制、表格制作和灵活的图文表格混排功能。它适于制作公文、信函、传真、报刊、书刊和简历等各式各样的文档。Word 文字处理软件和版本比较多,本书以微软公司办公自动化软件 Microsoft Office 家族的重要成员之一 Microsoft Office Word 2010 版本为蓝本。

知识目标

◆ 掌握 Word 2010 的启动、退出及窗口组成等基本知识。
◆ 掌握 Word 2010 中文字输入和编辑的基本操作。
◆ 掌握 Word 2010 的字符格式、段落格式和页面设置的基本操作。
◆ 掌握分页、分节、分栏、页眉/页脚、项目符号等格式化元素的使用方法。
◆ 掌握 Word 2010 的表格制作、编辑和排版的方法。
◆ 掌握 Word 2010 文档打印的设置与操作方法。

技能目标

◆ 学会 Word 2010 中文字输入和编辑的基本操作。
◆ 熟练操作 Word 2010 字符格式、段落格式和页面的设置。
◆ 熟练运用 Word 2010 的标准菜单和工具栏进行文档处理。
◆ 能够使用表格设计制作文档。
◆ 能够对文档进行图文混排。

任务一　Office 2010 的安装

一、任务描述

张三的 Office 软件出了问题，想把它卸载掉，重新安装 Office 2010，应怎样操作？

二、任务实施

1. Office 2010 软件的安装

①将 Office 2010 的安装驱动光盘放入光驱，在桌面上双击"计算机"图标，打开"计算机"窗口，双击"DVD RW 驱动器"，或者到网站上下载一个 Office 2010 安装包压缩文件，并解压到指定目录下。

②打开 Office 2010 安装应用程序文件夹窗口，在该窗口中找到名为"setup. exe"的安装应用程序文件，如图 3-1 所示。

图 3-1　Office 2010 安装应用程序文件夹

③双击"setup. exe"安装应用程序文件启动安装程序，同时打开"Microsoft Office 2010"安装对话框，提示用户"安装程序正在准备必要的文件，请稍候"。

④稍等片刻便进入"软件许可证条款"对话框,勾选"我接受此协议的条款"单选框,并单击右下角的"继续"。

⑤进入"选择所需的安装"对话框,用户可根据实际需要在该对话框中选择一种安装类型。"Microsoft Office 2010"中有很多组件,如 Word 组件、Excel 组件、PowerPoint 组件、OutLook 组件等。如果不修改安装路径和用户信息,并且完全安装所有组件就选择"立即安装"按钮;如果要在以往版本的基础上进行升级安装或者是选择性安装就选择"自定义"按钮,如图 3-2 所示。

⑥进入"安装选项"选项卡,在此选项卡中列出了 Microsoft Office 2010 的所有程序组件,如图 3-3 所示。

图 3-2 "选择所需的安装"对话框

图 3-3 "安装选项"选项卡

用户可以对需要安装的程序进行设置,如果选择全部安装,此选项卡无须作任何操作。如果选择部分安装,就单击不需要安装的组件"▼"处,然后再选择"不可用"选项。本次安装只选择 Excel 组件、PowerPoint 组件、Word 组件、共享功能组件和 Office 工具组件,设置结果如图 3-4 所示。

⑦切换到"文件位置"选项卡,用户需要在该选项卡中设置软件的安装路径。此时在该选项卡中的文本框中显示的是系统默认的软件安装位置,用户可以保持默认设置不变,也可以通过"浏览"按钮自定义安装位置。在该文本框的下方显示的是安装该程序所需要的空间大小和可用驱动器空间大小,如图 3-5 所示。

⑧切换到"用户信息"选项卡,用户可以根据实际情况在"键入您的信息"组合框中"全名""缩写""公司/组织"文本框中分别输入相关的用户信息,输入完毕后单击"立即安装"按钮。

⑨进入"安装进度"对话框,系统开始安装 Office 程序组件,并在该对话框中以进度条

的形式显示安装进度。经过 10 分钟左右后,安装完成,单击"关闭"按钮完成安装。

图 3-4 "安装选项"设置结果窗口 图 3-5 "文件位置"选项卡

2. Office 2010 软件的激活

①在 Office 2010 安装应用程序文件夹窗口中,如图 3-6 所示,找到"激活"文件夹。在激活文件夹中有一个"Office 2010 正版验证激活工具.exe",双击将启动激活工具,如图 3-7 所示。

图 3-6 "激活工具"文件夹

图 3-7 "激活工具"窗口 图 3-8 激活管理服务启动窗口

②单击图 3-7 中的"Install/Uninstall KMService",启动激活管理服务,如图 3-8 所示。启动后在第一条语句后输入"Y"字母,然后回车。当出现"Press any key to exit..."后直接按回车键结束。

③单击图 3-7 中的"Activate Office 2010 VL",启动激活服务,如图 3-9 所示。如果出现方框里的内容,表示激活成功,然后按回车键结束。

④将 Office 2010 软件安装到本地计算机后,依次单击"开始"→"所有程序"→"Microsoft Office"命令,在其级联菜单中即可看到所安装的 Office 2010 程序组件菜单项,如图 3-10 所示。

图 3-9　激活服务启动窗口

图 3-10　"开始"菜单中选择"Microsoft Office"菜单项

任务二　创建文档——简单公文制作

一、任务描述

小王在某所学校的网络中心担任秘书工作。最近学校的数字化校园建成,新 OA 办公系统正式运行,现在需要小王向各部门发一份 OA 办公系统运行的通知。要求:文件名为"新 OA 办公系统运行的通知.docx";标题设为宋体三号、加粗、居中、段前段后间距 1 行;通知对象设为宋体小四号、左对齐、加粗、行距:固定值 20 磅;正文设为宋体小四号、段落首行缩进两个字符、行距:固定值 20 磅;最后两行落款和时间设为宋体小四号、右对齐、行距:固定值 20 磅;页面设置纸张为 A4、页边距为上下 2.5 cm、左右为 2 cm。最终效果如图 3-11 所示。

图 3-11　通知函示例

二、任务准备

1. Word 2010 软件的简介

（1）Word 2010 的启动

Microsoft Office Word 2010 的启动,常见的有以下 3 种方法。

• 依次单击"开始"→"所有程序"→"Microsoft Office"→"Microsoft Word 2010"菜单命令,即可启动 Word 2010,如图 3-10 所示。

• 直接双击现有的某个 Word 2010 文档图标,启动 Word 2010,如图 3-12 所示。

图 3-12　Word 2010 文档图标　　　图 3-13　Word 2010 快捷方式图标

• 双击桌面上 Microsoft Word 2010 的快捷方式图标,也可启动 Word 2010,如图 3-13 所示。

注意
第③种启动方式,需要在桌面上提前创建好 Word 2010 快捷方式。

（2）Word 2010 窗口的组成

成功启动 Word 2010 后,会出现如图 3-14 所示的界面。其组成元素主要包括标题栏、快速访问工具栏、控制菜单、"文件"选项卡、功能区、"编辑"窗口、滚动条、缩放滑块、"视图"按钮、状态栏。

图 3-14　Word 2010 窗口界面

● 标题栏:位于最顶端,显示正在编辑文档的文件名。若用户没有为其文件命名,则程序自动将其命名为"新建 Microsoft Word 文档 n"(其中 n 为 1,2,3,…),用户也可以在该文档存盘时为其命名。在其右侧是常见的"最小化、最大化/还原、关闭"按钮。当窗体不是最大化时,用鼠标按住标题栏进行拖动,可以改变窗体在屏幕上的位置。双击标题栏可以使窗体在最大化与非最大化之间切换。

● 快速访问工具栏:位于最顶端左侧,显示常用命令,例如,"保存""撤销"和"恢复"等。用户也可以添加个人常用命令。

● 控制菜单:位于左上角,单击该 Word 图标按钮会弹出下拉菜单,该下拉菜单包括"还原""移动""大小""最小化""最大化""关闭"菜单项。

● "文件"选项卡:位于功能区的左侧,基本命令(如"新建""打开""关闭""另存为…"和"打印")位于此处。

● 功能区:是水平区域,就像一条带子,启动 Word 后分布在 Office 软件的顶部。工作所需的命名将分组在一起,且位于选项卡中,Word 2010 功能区中主要有"开始""插入""页面布局""引用""邮件"、"审阅"和"视图"选项卡。可以通过单击选项卡来切换显示的命令集。它与其他软件中的"菜单"或工具栏相同。

● "编辑"窗口:是窗口中间的大块空白区域,是用户输入、编辑和排版文本的位置。闪烁的"丨"形光标即为插入点,可接受键盘的输入。

● 滚动条:分为垂直滚动条和水平滚动条两种,分别位于"编辑"窗口的右侧和下方,可用于更改正在编辑的文档的显示位置。

● 缩放滑块:位于窗体的右下角,可用于更改正在编辑的文档的显示比例设置。

● "视图"按钮:位于窗体的最下方右侧,紧邻缩放滑块。可用于更改正在编辑的文档的显示模式。

- 状态栏:位于窗体的左下角,显示正在编辑的文档的相关信息。

(3)Word 2010 的退出

退出 Word 2010 的方法有以下 4 种:

- 单击 Word 2010 的"文件"选项卡,选择"退出"命令即可即出程序。

注意

选择"文件"选项卡的"退出"命令,将关闭所有打开的 Word 文档。

- 双击 Word 2010 左上角的"控制菜单"图标,如图 3-15 所示。或者单击 Word 2010 左上角的"控制菜单"图标,在弹出的快捷菜单中选择"关闭"按钮,即可退出该程序。
- 单击 Word 2010 标题栏右端的"关闭"按钮,即可退出该程序,如图 3-16 所示。

图 3-15 "控制菜单"图标

图 3-16 "关闭"按钮

- 按组合键"Alt + F4",即可退出该程序。

说明

Word 2010 的 4 种退出方法,②、③和④只是关闭当前正在编辑的 Word 文档。

---

(4)"快速访问工具栏"中的常用命令按钮

Word 2010 窗体中的"快速访问工具栏"用于放置用户常用的命令按钮。用户使用该按钮可以快速执行相应的操作。在默认情况下,"快速访问工具栏"中只有"保存""撤销""恢复"和"打印预览"按钮。用户也可以根据自己的需求添加或删除常用命令按钮。

①添加常用命令按钮

向"快速访问工具栏"中添加常用命令按钮的方法主要有以下两种:

方法 1:利用"文件"选项卡添加常用命令

a. 打开 Word 2010 文档窗体,依次单击"文件"→"选项"命令,打开"Word 选项"对话框。

b. 在打开的"Word 选项"对话框中选择"快速访问工具栏",然后在"从下列位置选择命令"列表中单击需要添加的命令,并单击"添加"按钮。例如,添加查找如图3-17所示。

图 3-17　添加"查找"命令按钮

方法 2：利用自定义快速访问工具栏

找到快速访问的工具栏，如图 3-18 所示，依次单击"自定义快速访问工具栏"→"其他命令(M)…"命令，打开"Word 选项"对话框。其他操作同方法一。

图 3-18　自定义快速访问工具栏

> **说明**
>
> 重复图 3-17 中的操作可添加多个命令按钮。

②删除常用命令按钮

从"快速访问工具栏(O)"中删除常用命令按钮的方法与添加命令按钮类似。

③快速访问工具栏恢复到初始状态

在打开的"Word 选项"对话框中选择"快速访问工具栏"，依次单击"重置"→"仅重置快速访问工具栏"按钮，将"快速访问工具栏"恢复到原始状态，如图 3-19 所示。

图 3-19　重置"快速访问工具栏"界面

2. Word 2010 文档的常规操作

（1）Word 文档的创建

• 在"文件"菜单下选择"新建"项，在右侧单击"空白文档"按钮，就可成功创建一个空白文档。

• 使用快捷键"Ctrl + N"，可新建一个空白文档。

• 在计算机窗体空白处或桌面空白处，单击鼠标右键，在弹出的快捷菜单中依次选择"新建"→"Microsoft Word 文档"菜单项，创建一个新的 Word 2010 文档。

• 在 Word 2010 中内置有多种用途的模板（如书信模板、公文模板等），用户可根据实际需要选择特定的模板新建 Word 文档，操作步骤如下：

①打开 Word 2010 文档窗口，依次单击"文件"→"新建"按钮，如图 3-20 所示。

图 3-20　利用模板新建文档

②打开"新建文档"对话框,在"可用模板"列表中选择合适的模板,并单击"创建"按钮即可。也可在"Office. com 模板"区域选择合适的模板,并单击"下载"按钮。

● 如果用户在"快速访问工具栏"中添加了"新建"命令按钮,则可以单击此"新建"命令按钮来新建一个空白文档。

（2）Word 文档保存

在编辑文档的过程中,文档内容是暂时保存在计算机的内存中,如果突然断电或死机,所编辑的文档就会丢失,因此就要经常保存文档。

①保存新建文档

如果新建的文档需要保存,可选择下列选项之一。

● 单击"文件"选项卡的"保存"命令按钮。

● 单击"快速访问工具栏"的"保存"命令按钮。

● 按下快捷键"Ctrl + S"。

无论选择那一项,都会弹出"另存为"对话框,如图 3-21 所示,在"另存为"对话框中选择保存位置和输入文件名后单击对话框右下角的"保存"按钮。

图 3-21　"另存为"对话框

②保存已有文档

如果是对已保存过的文档进行修改后保存,则单击"文件"选项卡中的"保存"命令按钮,或直接单击"快速访问工具栏"上的"保存"命令按钮,或按快捷键"Ctrl + S",不再弹出"另存为"对话框,文档会以原路径和原文件名保存。

③文档改名保存

如果要对已保存过的文档用另一个文件名保存到同一个文件夹或不同文件夹中,可先在 Word 中打开该文档,然后单击"文件"选项卡中的"另存为"命令按钮,如图 3-22 所示。在弹出的"另存为"对话框中重新选择保存位置并输入新的文件名,最后单击对话框右下角的"保存"按钮即可。

图 3-22　"文件"选项卡的"另存为"命令按钮

④自动保存

Word 2010 默认情况下每隔 10 分钟自动保存一次文件,用户可根据实际情况设置自动保存时间间隔,操作步骤如下:依次单击"文件"→"选项"命令,在打开的"Word 选项"对话框中切换到"保存"选项卡,在"保存自动恢复信息时间间隔(A)"编辑框中设置合适的数值,并单击"确定"按钮,如图 3-23 所示。

图 3-23　"自动保存"设置界面

(3)打开文档

如果要对已经关闭的文档进行编辑,则需打开文档。打开文档的方法如下:

①单击"文件"选项卡的"打开"命令按钮,则会弹出"打开"对话框,如图 3-24 所示。在对话框中找到文件所在位置并选择要打开的文件,最后单击对话框右下角的"打开"按钮即可。

图 3-24 "打开"对话框

②单击"文件"选项卡中的"最近所用文件"命令按钮,右侧会出现"最近使用的文档",也可看到最近的位置,如图 3-25 所示。可直接单击文件名打开。

图 3-25 最近所用文件

③直接找到 Word 文档文件所在的位置,在文档图标上双击鼠标左键即可打开该文档。

④如果在"快速访问工具栏"中添加了"打开"命令按钮,也可通过单击"快速访问工具栏"的"打开命令按钮",则会弹出"打开"对话框。

(4)关闭文档

● 单击"标题栏"右侧的"关闭"按钮。

● 双击"控制菜单"图标。

● 单击"文件"选项卡的"退出"命令按钮。

● 通过快捷键"Alt + F4"来关闭。

除了这 4 种退出程序的方式来关闭文档外,还可使用以下的方法来关闭文档。

● 单击"文件"选项卡的"关闭"命令按钮。

3．文本输入

当鼠标指针处于 Word 窗口的文档编辑区时,鼠标指针呈"｜"形状,称为插入点,它表示文本的输入位置,文本可包括汉字、英文字符、标点符号和特殊符号等。

（1）换行

●自动换行:在输入文本时,当文字达到标尺栏上的右缩进位置后,Word 将自动换行,并将自动避免标点符号处于行首。

●软换行:在输入文本时,当文字未达到标尺栏上右缩进位置,就需要换到下一行时,需软换行。此时,只要同时按下键盘上的"Shift"键和"Enter"键,即在当前位置插入一个换行标记"↓"表示当前行结束。Word 会在当前行的下面自动添加一新行,同时插入点移至新行的行首。注意:软换行标记"↓"的前后行都是属于一个自然段。

●强制换行:在每个自然段结束时需要强制换行。当用户需要强行从新的一行开始录入文字时,只要按下键盘上的"Enter"键,即在当前位置插入一个段落标记"↵",表示当前自然段结束。Word 会在当前行的下面自动添加一新行,同时插入点移至新行的行首。

（2）特殊符号的输入

如果要输入键盘上没有的特殊符号,可单击"插入"选项卡打开"插入"功能区,在"插入"功能区中选择"符号"栏中的"符号"按钮,一些常用符号会在此列出,如果有需要的符号,单击选中即可。如果这里没有需要的符号,可单击菜单底部的"其他符号"链接,则会弹出"符号"对话框。"符号"对话框中有"符号"和"特殊字符"选项卡。在"符号"选项卡中,可以在"子集"下拉列表框中选择一个合适的符号种类,以便快速地找到需要的符号,如图 3-26 所示。在"特殊符号"中,可选择需要的字符。

图 3-26 插入"特殊符号"操作图

（3）公式的输入

在文档编辑过程中，经常有输入公式的需求，尤其是在数学、物理等学科领域。

①插入公式

单击"插入"选项卡打开"插入"功能区，在"插入"功能区中选择"符号"栏中的"公式"按钮，单击所需的公式即可加入 Word 文档，如图 3-27 所示。

图 3-27 插入"公式"窗口

②创建自定义公式

a. 单击"插入"→"公式"→"插入新公式"，如图 3-27 所示。

b. 在文档插入点处就会出现"在此处键入公式"控件，如图 3-28 所示。

图 3-28 "公式输入"控件

c. 利用公式工具的"设计"选项卡，如图 3-29 所示，即可自定义设计各种复杂公式。

图 3-29 公式"设计"选项卡

d. 完成公式创建。单击公式控件右侧的下拉箭头，选择"另存为新公式"，保存创建的公式，如图 3-30 所示。

图 3-30 "另存为新公式"界面

以后再插入公式时,即可在下拉列表处出现之前已保存的公式。

(4)日期的输入

在文档编辑时,有时需要在文档中插入日期和时间。操作方法如下:

①打开 Word 2010 文档,将光标移动到合适的位置。

②单击"插入"选项卡→"文本"区域的"日期和时间"按钮,则会弹出"日期和时间"对话框,如图 3-31 所示。

图 3-31 "日期和时间"对话框

③在"日期和时间"对话框的"可用格式"列表中选择合适的日期或时间格式,并选中"自动更新"选项,实现每次打开 Word 文档自动更新日期和时间,单击"确定"按钮完成。

(5)带圈的字符输入

在 Word 文档编辑过程中,会给一些比较重要的字加上各种各样的标记,即输入带圈的字符。其操作方法如下:

①选择要加圈的文字或符号,单击"开始"功能区的"带圈字符"功能按钮,则会弹出"带圈字符"对话框,如图 3-32 所示。

②在"带圈字符"对话框中选择要加圈的文字、样式及其圈号,单击"确定"按钮。

③返回文档,就可以看到编辑框中出现了带圈的字符。

图 3-32　"带圈字符"对话框

4.编辑文档

Word 的编辑操作是指对文档中的文本内容进行修改、插入、移动、删除等操作。

（1）插入点的定位

插入点的定位就是将插入点移动到文档的预定位置,可用鼠标和键盘实现。

（2）文本的选定

对文档内容进行删除、复制、格式设置等各种编辑操作,都必须首先选定文本。

①用鼠标选定文本

- 选定一个单词:直接双击需要选定的单词。

- 选定一句:按住"Ctrl"键的同时,用鼠标单击欲选句子的任意位置,可选定该句子。

- 选定一行:鼠标移至文档编辑区左边选定区,指针变成指向右上方的箭头时,单击鼠标可选定所在的一行。

- 选定一段:鼠标移至文档编辑区左边选定区,指针变成指向右上方的箭头时,双击鼠标可选定所在的一段,或在段落区的任意位置快速三击鼠标左键也可选定所在段落。

- 鼠标拖动选定:按住鼠标左键不放从欲选定文本的起始位置拖动到结束位置,鼠标拖过的文本即被选中。

- 选定连续文本:先用鼠标在欲选定文本的起始位置单击一下,然后按住"Shift"键的同时,单击欲选定文本的结束位置,起始位置与结束位置之间的连续文本就被选中。

- 选定不连续文本:先用鼠标选中第一块文本,然后按住"Ctrl"键的同时从欲选定的第二块文本的起始位置拖动到结束位置,两块不连续的文本即可同时被选中。按照此方法也可选定多块不连续的文本。

- 选定整篇文档:鼠标移至文档编辑区左边选定区,鼠标指针变成指向右上方的箭头,快速三击鼠标左键;或鼠标移至文档编辑区左边选定区,鼠标指针变成指向右上方的箭头,按住"Ctrl"键的同时单击鼠标可选定整篇文档。

- 选定矩形块:按住"Alt"键的同时,按下鼠标左键不放拖动可以选定矩形文本。

②利用"选择"命令按钮选定文本

单击"开始"功能区→"编辑"栏→"选择"命令按钮,该命令按钮包括"全选""选择对象""选择所有格式类似的文本(无数据)"和"选择窗格…",可根据需求选择适合的选项。

③用键盘选定文本

用键盘选定文本的方法见表3-1。

表3-1　用键盘选定文本的方法

选定文本内容	键盘组合键
分别向左(右)扩展选定一个字符	Shift + ←(→)方向键
分别由插入点处向上(下)扩展选定一行	Shift + ↑(↓)方向键
从当前位置扩展选定到行首	Shift + Home
从当前位置扩展选定到行尾	Shift + End
从当前位置扩展选定到文档开头	Ctrl + Shift + Home
从当前位置扩展选定到文档结尾	Ctrl + Shift + End
选定整篇文档	Ctrl + A

(3)文本的插入和改写

● 插入:代表一种输入状态,显示在状态栏处,如图3-33所示。表示输入文字后,新的内容不会覆盖原有的内容,而原来的内容自动向后挪动,为新插入的文本腾出空间。当启动 Word 时,插入是默认状态。

页面: 24/46 | 字数: 11,934 | 中文(中国) | 插入

图3-33　状态栏

● 改写:与"插入"对应的是"改写"。在"改写"状态下,新输入的文本会自动覆盖插入点后的原有的文本。在绝大多数情况下,用户不选择"改写"模式,因为在"改写"模式下,新输入的文本常常会覆盖用户所需要的文本。

● 插入、改写切换:可以通过鼠标双击状态中"插入"或"改写"按钮,也可以按键盘上的 Insert 键来切换这两种状态。

(4)删除文本

如果欲删除单个文本,可将插入点定位在欲删除文本的左边,按键盘上的"Delete"键,或将插入点定位在欲删除文本的右边,按键盘上的"BackSpace"键即可。

如果欲删除大块文本,可先将文本选中,按键盘中上的"Delete"键或"BackSpace"键即可。

(5)撤销和恢复

在编辑 Word 2010 文档时,如果所做的操作不合适,而想返回到当前结果前面的状态,则可通过"撤销"或"恢复"功能实现。

● 撤销:"撤销"功能可以保留最近执行的操作记录,用户可以按照从后到前的顺序撤销若干步骤,但不能有选择地撤销不连续的操作。用户可按下组合键"Alt + Backspace"或用"Ctrl + Z"执行撤销操作,也可单击"快速访问工具栏"中的"撤销键入"命令按钮,如图

3-34所示。

图 3-34　"快速访问工具栏"的撤销与恢复

●恢复:执行撤销操作后,还可将 Word 2010 文档恢复到最新编辑的状态。当用户执行一次"撤销"操作后,用户可按下组合键"Ctrl + Y"执行恢复操作,也可单击"快速访问工具栏"中已经变成可用状态的"恢复"按钮,如图 3-34 所示。

(6)移动文本

如果文本的位置安排不合适,可通过移动文本调整文本的顺序。

●用鼠标拖动法移动文本:选定欲移动的文本后,按住鼠标左键不放拖动鼠标到目标位置后,松开鼠标左键即可完成移动操作。

●用剪贴板剪切、粘贴法移动文本:选定要移动的文本,单击"开始"功能区→"剪贴板"栏→"剪切"命令按钮。将光标插入点定位到目标位置,单击"开始"功能区→"剪贴板"栏→"粘贴"命令按钮,从剪贴板复制文本到目标位置。

●用快捷键来移动文本:选定要移动的文本,按组合键"Ctrl + X",将选定的文本移动到剪贴板。将光标插入点定位到目标位置,按组合键"Ctrl + V",将剪贴板上的文本粘贴到目标位置。

(7)复制文本

当出现大量重复的文本内容时,复制是最节省时间的方法。

●使用鼠标操作:选定欲复制的文本,鼠标指向选定的文本,按住鼠标左键不放,同时按住"Ctrl"键,拖动鼠标到目标位置后,松开鼠标左键即可完成复制操作。

●用快捷键来复制文本:选定要复制的文本,按组合键"Ctrl + C",将选定的文本复制到剪贴板。将光标插入点定位到目标位置,按组合键"Ctrl + V",将剪贴板上的文本粘贴到目标位置。

(8)查找和替换

在 Word 2010 中,可进行文本的查找和替换操作,以节省时间和提高准确性。

①查找

如果要在文档中查找某文本,可选择"开始"功能区→"编辑"栏→"查找"命令按钮,单击"查找"命令按钮右侧的"▼"符号,可以看到该命令按钮,包含"查找(F)""高级查找(A)…"和"转到(G)…"三项操作,如图 3-35 所示。

●查找:如果选择"查找(F)"命令,则在导航窗口的搜索文档文本框中输入要查找的内容,如图 3-35 中⑤所在的位置,然后按回车键(Enter)即可完成查找。

图 3-35　查找窗口

● 高级查找：如果选择"高级查找（A）…"命令，则会弹出"查找和替换"对话框的"查找"页签，如图 3-36 所示。

图 3-36　"查找和替换"对话框的"查找"页签

在查找内容中输入要查找的文字，如果单击"阅读突出显示（R）"则会在文档中将查找的文字添加底纹；如果单击"在以下项中查找（I）"，则会弹出查找范围；最后单击"查找下一处（F）"按钮，Word 2010 就会在文档中查找下一处该文字。如果需要对查找的文字做更多的设置，则可单击"更多（M）"按钮进行设置。

● 转到：如果选择"转到（G）…"，则会弹出"查找和替换"对话框的"定位（G）"页签，如图 3-37 所示。

图 3-37　"查找和替换"对话框的"定位（G）"页签

在该页签中，先在"定位目标"中选定目标，然后在右边的对话框中输入相应的查找文字。最后单击"下一处"或者是"前一处"，完成后单击"关闭"按钮关闭该窗口。

②替换

如果希望在 Word 2010 文档中对查找到的文本内容进行自动替换,则可作如下操作:

a. 单击"开始"功能区→"编辑"栏→"替换"命令按钮,或者按组合键"Ctrl + H",则会弹出"查找和替换"对话框的"替换"页签,如图 3-38 所示。

图 3-38　"查找和替换"对话框的"替换"页签

b. 在对话框中的"查找内容"输入框内输入欲查找的文本内容,在"替换为"输入框中输入文本内容,然后单击"全部替换"按钮即可。如果单击"查找下一处"按钮,则可以有选择地替换其中的部分。

如果要对"查找内容"和"替换为"的内容添加格式,则单击"更多"按钮。在"查找和替换"对话框的下面选择"格式"按钮对内容进行字体、段落等格式设置。如果要取消已设置的格式,则单击"不限定格式"按钮,如图 3-39 所示。

图 3-39　替换与被替换内容格式设置与取消

(9)文档加密

有时我们所做的文档是一些机密文档,这时就需要对文档加密。首先在"文件"菜单中选择"保护文档"中的"用密码进行加密"项,如图 3- 40 所示,在弹出的"加密文档"窗口中输入密码即可。在下次启动该文档时就会出现如图 3- 41 所示的现象,只有输入密码后才能正常打开。

图 3-40 用密码进行加密   图 3-41 "输入密码"对话框

（10）文档格式转换

现在人们都喜欢在移动产品上浏览阅读，但很多产品并不支持 doc 或 docx 格式，因此，需要将 Word 2010 格式转换成其他格式。

● 将 doc 或 docx 转成 pdf 格式：首先在"文件"选项卡下选择"另存为"命令按钮，则会弹出"另存为"对话框，如图 3-42 所示。在"另存为"对话框中的保持类型选择 PDF 格式，单击"保存"后，即可将 doc 或 docx 转成 pdf 格式。

图 3-42 "另存为"对话框

● 将 Word 2010 默认保存为低版本格式：有些朋友自己装了 Office 2010，但是周围的朋友还在用 Office 2003，这时会出现文件格式的不兼容。比如 Word 2010 默认保存文件的格式为 docx，低版本的 Word 如果没有装插件就打不开。我们可以设置让 Word 2010 默认保存文件格式为 doc。方法为：打开 Word 2010，单击"文件"→"选项"，在弹出的选项窗口左边，单击"保存"，然后在右边的窗口中，将"将文件保存为此格式"设置为"Word 97-2003 文档（＊.doc）"即可。

注意

采用以上新建保存和另存为方式,还可将 Word 文档转换为其他格式。

5.格式排版

(1)字符格式

字符格式化包括字体、字号、字形、颜色、上下标、下画线、字间距等。其中字体是指字符的形体;字号是字符的尺寸标准;字形是附加的字符形体属性,共 4 种字形:常规、加粗、倾斜和加粗倾斜。

①字体设置

● 使用"开始"功能区的"字体"设置:在 Word 文档中选定要设置字体的文本后,可直接单击"开始"功能区中的"字体"栏的命令按钮来设置文本的字体、字形、字号、增大和减小字体、加粗、倾斜、下画线、颜色等,如图 3-43 所示的②区域。

图 3-43　"开始"功能区的字体栏

● 使用"字体"对话框设置:

a. 在 Word 文档中选定要设置字体的文本。

b. 在"开始"功能区的"字体"栏上单击"显示'字体'对话框"按钮,如图 3-43 所示的③处,则会弹出"字体"对话框,选择对话框中的"字体"选项卡,如图 3-44 所示。

c. 在"字体"选项卡中可以设置字体、字形、字号、字体颜色、下画线线型、下画线颜色、着重号、效果等。

②字符间距

● 使用"开始"功能区的"字体间距"设置:在 Word 文档中选定要设置字体的文本后,可直接单击"开始"功能区中的"段落"栏的中文版式命令按钮(✕)来设置字符的缩放比例等操作。操作方法:先在文档中选中欲缩放的文本,然后单击该按钮右边的下拉箭头,弹出下拉列表,选择所需的缩放项。

● 使用"字体"对话框设置字符间距:

a. 在 Word 文档中选定要设置字符间距的文本。

b. 在"开始"功能区的"字体"栏上单击"显示'字体'对话框"按钮,则会弹出"字体"对

图 3-44　"字体"对话框的"字体"选项卡

话框,选择对话框中的"高级"选项卡。

图3-45　设置文本效果格式

c.在"高级"选项卡中,可根据需要进行字符间距设置和OpenType功能设置。

③文字效果

a.文档中选中欲设置动态效果的文本,然后打开"字体"对话框,在对话框中选择"文字效果"命令按钮,则会弹出"设置文本效果格式"对话框。

b.在"设置文本效果格式"对话框中,可以设置"文本填充""文本边框""轮廓样式""阴影""映像""发光和柔化边缘"和"三维格式"等效果,如图3-45所示。

(2)段落格式

段落是指文档中两个回车符之间的所有文本,每按一次"Enter"键就插入一个回车符,即段落标记,表示开始一个新的段落。通过设置不同的段落格式,可以使文档布局合理、层次分明。段落格式的内容包括段落缩进、对齐、行间距、段间距等。

①对齐方式

在选择需要设置的段落后,单击"格式"工具栏上相应的对齐按钮即可轻松设置段落的对齐方式。

- 两端对齐:将所选段(除末行外)的左、右两边同时对齐或者缩进。
- 左对齐:使段落各行向左对齐,而不管右边是否对齐。
- 居中对齐:使文本、数字或者嵌入对象在排版区域内居中。
- 右对齐:使段落各行向右对齐,而不管左边是否对齐。
- 分散对齐:通过调整字间距,使段落或者单元格文本的各行等宽。

如图3-46所示的②处为设置段落对齐方式。

图3-46　"开始"功能区中设置对齐方式

在"段落"对话框中选择"缩进和间距"选项卡,单击"对齐方式"旁的三角按钮,在列表中选择符合实际需求的段落对齐方式,并单击"确定"按钮使设置生效,如图 3-47 所示。

②段落缩进

• 段落缩进设置:在 Word 2010 中,可以设置整个段落向左或向右缩进一定的字符,这一技巧在排版时经常会使用到。在 Word 中,可以通过 3 种方法设置段落缩进。

方法 1:段落功能区按钮设置

选中要设置的段落,单击段落功能区的减少缩进量按钮或增加缩进量按钮,即如图 3-46 所示的④。每次移动的宽度相当于一个五号汉字的宽度。

方法 2:段落对话框中设置

选中要设置缩进的段落,在"开始"功能区的"段落"分组中单击显示段落对话框按钮,如图 3-46 所示的③处,弹出"段落"对话框。或单击鼠标右键,在弹出的快捷菜单中选择"段落"菜单项,弹出"段落"对话框。单击"缩进和间距"选项卡,在如图 3-48 所示的①处设置"段落"缩进量。

图 3-47　"段落"对话框的"对齐方式"

图 3-48　"段落"对话框

方法 3:标尺调整段落缩进

在水平标尺上,有 4 个段落缩进滑块:首行缩进、悬挂缩进、左缩进以及右缩进,如图 3-49所示。按住鼠标左键拖动它们即可完成相应的缩进。如果要精确缩进。可在拖动的同时按住"Alt"键,此时标尺上会出现刻度。

图 3-49　水平标尺

●首行缩进设置:通过设置段落首行缩进,可以调整文档正文内容每段第一行与页边距之间的距离。

　　在打开的"段落"对话框中切换到"缩进和间距"选项卡,在"缩进"区域单击"特殊格式"下拉三角按钮,在下拉列表中选中"首行缩进"或"悬挂缩进"选项,并设置缩进值(通常情况下设置缩进值为 2)。设置完毕单击"确定"按钮,如图 3-50 所示。

图 3-50　"段落"对话框的"首行缩进"

③行间距、段间距

●行间距设置:在使用 Word 文档保存文字时,有时候某个段落太长,影响了美观,这时可通过调整行间距来将此段落的距离调整短一点。

　　在"段落"对话框中选择"缩进和间距"选项卡,在"间距"下单击行距三角形按钮,如图3-51 所示。也可以通过行距中的 1.5 倍行距、2 倍行距、最小值、固定值、多倍行距数值来调整行间距。

●段落间距设置:在使用 Word 2010 编辑文档的过程中,常常需要根据版面要求设置段落与段落之间的距离。设置段落间距的 3 种方法如下:

图 3-51 "段落"对话框中的"行间距"设置

方法 1:通过功能区按钮选择设置

a. 选中需要设置段落间距的段落,当然也可选中全部文档。

b. 在"段落"中单击"行和段落间距"按钮。在列表中选择"增加段前间距"或"增加段后间距"命令之一,以使段落间距变大或变小,如图 3-52 所示。

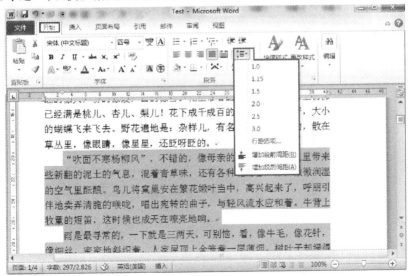

图 3-52 "开始"功能区中"段落间距"的设置

方法2：通过段落对话框设置

在"段落"对话框的"缩进和间距"选项卡中设置"段前"和"段后"编辑框的数值，并单击"确定"按钮，从而可以设置段落间距。

方法3：通过功能区输入值设置

a.打开Word 2010文档页面，单击"页面布局"选项卡，如图3-53所示。

图3-53 "页面布局"功能区的"段落间距"的设置

b.在"段落"中设置"段前"和"段后"编辑框的数值，以实现段落间距的调整。

（3）格式刷的使用

Word 2010中的格式刷工具可以将特定文本的格式复制到其他文本中，其操作步骤如下：

①打开Word 2010文档窗口，并选中已经设置好格式的文本块。在"开始"功能区的"剪贴板"分组中双击"格式刷"按钮，如图3-54所示。

图3-54 "开始"功能区的"格式刷"按钮

提示

　　如果单击"格式刷"按钮,则格式刷记录的文本格式只能被复制一次,不利于同一种格式的多次复制。

　　②将鼠标指针移至 Word 文档文本区域,鼠标指针已经变成刷子形状。按住鼠标左键拖选需要设置格式的文本,则格式刷刷过的文本将被应用被复制的格式。释放鼠标左键,再次拖选其他文本实现同一种格式的多次复制。

　　③完成格式的复制后,再次单击"格式刷"按钮关闭格式刷。

　　(4)页面设置

　　页面设置是打印文档之前的必备工作,目的是使页面布局与页边距、纸型和页面方向一致。为了使文档页面更加美观,可根据实际需要合理地进行页面设置。

　　方法 1:通过页面设置对话框设置

　　在"页面布局"功能区的"页面设置"分组栏中单击"页面设置"按钮,弹出"页面设置"对话框,如图 3-55 所示。

图 3-55　"页面设置"按钮

　　•页边距:在"页面设置"对话框中,单击"页边距"选项卡,可设置上、下、左、右页边距,纸张方向,装订线距离和位置等,如图 3-56 所示。

　　•纸张:在"页面设置"对话框中,单击"纸张"选项卡,可设置纸张大小、纸张来源等,如图 3-57 所示。

图 3-56　"页面设置"对话框的"页边距"选项卡

图 3-57　"页面设置"对话框的"纸张"选项卡

●版式:在"页面设置"对话框中,单击"版式"选项卡,可设置节的起始位置、页眉和页脚、页面对齐方式等,如图 3-58 所示。

●文档网格:在"页面设置"对话框中,单击"文档网格"选项卡,可设置文字排列方向、网格、每行字符数、每页行数等,如图 3-59 所示。

图 3-58　"页面设置"对话框的"版式"选项卡　　图 3-59　"页面设置"对话框的"文档网格"选项卡

方法 2:通过页面布局功能区按钮选择设置

直接在"页面布局"功能区的"页面设置"分组栏中单击"页边距""纸张方向"和"纸张大小"进行设置,如图 3-60 所示。

图 3-60　"页面布局"功能区的"页面设置"按钮

(5)文档打印

在文档编辑和页面设置完成后,就可进行打印。在打印之前,可以预览打印效果。

在 Word 2010 的默认设置中,用户在编辑文档首页看不到"打印预览"命令按钮,要让"打印预览"命令按钮出现在编辑首页,就必须在"快速访问工具栏"中添加"打印预览"命令按钮。操作完成后,在"快速访问工具栏"上就会出现"打印预览"命令按钮,如图 3-61 所示。

图 3-61　"打印预览"命令按钮

单击"快速访问工具栏"的"打印预览"命令按钮,或单击"文件"选项卡的"打印"命令按钮,就会进入"打印预览和打印"的界面。

在图 3-87 的界面中,右侧就是预览效果,中间是打印设置。

三、任务实施

1. 新建文件

在将要保存文档的文件夹下,单击鼠标右键,在弹出的快捷菜单中依次单击"新建"→"Microsoft Word 文档",新建 Word 文件"新 OA 办公系统运行的通知. docx"。

2. 输入文字

输入文字如图 3-62 所示的内容。

图 3-62　输入文字内容

3. 标题格式设置

(1)选中标题

(2)设置标题的字体属性

在"开始"选项卡功能区中将字体设为宋体,字号为三号,字形为加粗,对齐方式为居中对齐,效果如图 3-63 所示。

图 3-63　标题字体属性

（3）设置标题的段间距

将鼠标放在编辑区，单击鼠标右键，在弹出的快捷菜单中单击"段落"菜单项，弹出"段落"对话框，在"间距"中段前、段后都设置为 1 行，然后单击"确定"按钮。

4. 其余文字的属性设置

（1）非标题内容字体属性设置

选择除标题之外的所有内容，将其设为宋体，小四号。效果如图 3-64 所示。

图 3-64　非标题内容字体属性设置

（2）非标题内容段落行间距的设置

选择除标题之外的所有内容，单击"段落"按钮，弹出"段落"对话框。将行间距设为固定值 20 磅，将段落缩进的特殊格式设为首行缩进，值为两个字符，如图 3-65 所示。

图 3-65　其余文字的段落设置

5. 通知对象文字属性设置

选择通知对象文字内容,在字体工具栏中,将字形设为加粗。对齐方式为左对齐。

6. 落款和日期设置

选择落款和日期文字,在段落工具栏中将其对齐方式设为右对齐。

7. 页面设置

(1)页边距设置

选择"页面布局"选项卡,单击右下角的按钮,弹出"页面设置"对话框,在"页面设置"对话框中选择"页边距"选项卡,设置页边距为上下 2.2 厘米,左右 2 厘米,如图 3-66 所示。

(2)纸张设置

在"页面设置"对话框中,选择"纸张"选项卡,将纸张大小设置为 A4,如图 3-67 所示。

图 3-66　页边距设置

图 3-67　纸张设置

任务三 格式排版——日常文书处理

一、任务描述

小张在一所培训机构上班,现担任一门实训课程的助教工作。快到后半学期了,小张需要制订一份×××课程实训方案。在该实训方案中,要有页眉、页脚、项目符号、标题、目录等更多的编辑元素;页眉、页脚从正文开始。效果如图3-68所示。

图3-68 ×××课程实训方案

二、任务准备

1. Word 2010 的视图模式

Word 2010 中提供了多种视图模式供用户选择,每种视图都有自己特定的显示方式,这些视图模式包括"页面视图""阅读版式视图""Web 版式视图""大纲视图"和"草稿视图"等视图模式。用户可以在"视图"功能区中选择需要的文档视图模式,也可以在 Word 2010文档窗口的右下方单击视图按钮选择视图,如图3-69所示。

图3-69 视图按钮

● 页面视图：“页面视图”可以显示 Word 2010 文档的打印结果外观，主要包括页眉、页脚、图形对象、分栏设置、页面边距等元素。如图 3-70 所示为打开 Word 后的默认视图。

图 3-70　阅读版式视图

● 阅读版式视图：“阅读版式视图”以图书的分栏样式显示 Word 2010 文档，“文件”选项卡、功能区等窗口元素被隐藏起来。这种视图不更改文档本身，只更改页面版式并改善字体的显示。在阅读版式视图中，用户还可单击“工具”按钮选择各种阅读工具。退出“阅读版式视图”，则单击右上角的“关闭”按钮。

● Web 版式视图：“Web 版式视图”以网页的形式显示 Word 2010 文档，该视图将显示文档在网页浏览器中的外观，包括背景、文字和图形。Web 版式视图不显示分页、页眉、页脚等信息。Web 版式视图适用于发送电子邮件和创建网页，如图 3-71 所示。

图 3-71　Web 版式视图

● 大纲视图："大纲视图"主要用于设置 Word 2010 文档的设置和显示标题的层级结构,并可以方便地折叠和展开各种层级的文档。大纲视图中不显示页边距、页眉、页脚、图片和背景。大纲视图广泛用于 Word 2010 长文档的快速浏览和设置中,如图 3-72 所示。

图 3-72　大纲视图

● 草稿视图："草稿视图"取消了页面边距、分栏、页眉、页脚和图片等元素,仅显示标题和正文,是最节省计算机系统硬件资源的视图方式。

2. Word 2010 的导航窗口

用 Word 编辑文档,有时会遇到长达几十页,甚至上百页的超长文档,在以往的 Word 版本中,浏览这种超长的文档很麻烦。例如,要查看特定的内容,就必须双眼盯住屏幕,然后不断滚动鼠标滚轮,或者拖动编辑窗口上的垂直滚动条查阅,用关键字定位或用键盘上的翻页键查找,既不方便,也不精确,有时为了查找文档中的特定内容,会浪费很多时间。Word 2010 新增的"导航窗格"提供"导航"功能,使这些问题得到改观。

(1)打开"导航"窗格

运行 Word 2010,打开一份超长文档,单击功能区中的"视图"选项卡,切换到"视图"功能区,勾选"显示"栏中的"导航窗格",即可在 Word 2010 编辑窗口的左侧打开"导航窗格",如图 3-73 所示。

(2)文档轻松"导航"

Word 2010 文档导航功能的导航方式有 4 种:标题导航、页面导航、关键字(词)导航和特定对象导航,让用户轻松查找、定位到想查阅的段落或特定的对象。

● 文档标题导航:是最简单的导航方式,使用方法也最简单,打开"导航"窗格后,单击"浏览你的文档中的标题"按钮,将文档导航方式切换到"文档标题导航",Word 2010 会对文档进行智能分析,并将文档标题在"导航"窗格中列出,只要单击标题,就会自动定位到相关段落。

图 3-73　导航窗口

● 文档页面导航:用 Word 编辑文档会自动分页,文档页面导航是根据 Word 文档的默认分页进行导航的,单击"导航"窗格上的"浏览你的文档中的页面"按钮,将文档导航方式切换到"文档页面导航",Word 2010 会在"导航"窗格上以缩略图形式列出文档分页,只要单击分页缩略图,就可定位到相关页面查阅。

● 关键字(词)导航:单击"导航"窗格上的"浏览你当前搜索的结果"按钮,然后在文本框中输入关键(词),"导航"窗格上就会列出包含关键字(词)的导航链接,单击这些导航链接,就可快速定位到文档的相关位置。

● 特定对象导航:一篇完整的文档,往往包含有图形、表格、公式、批注等对象,Word 2010 的导航功能可快速查找文档中的这些特定对象。单击搜索框右侧放大镜后面的"▼",选择"高级查找"栏中的相关选项,就可快速查找文档中的图形、表格、公式和批注。

　　Word 2010 提供的 4 种导航方式都有优缺点,标题导航很实用,但是事先必须设置好文档的各级标题才能使用;页面导航很便捷,但是精确度不高,只能定位到相关页面,要查找特定内容还是不方便;关键字(词)导航和特定对象导航比较精确,但如果文档中同一关键字(词)很多,或者同一对象很多,就要进行"二次查找"。如果能根据自己的实际需要,将几种导航方式结合起来使用,导航效果会更佳。

3. 项目符号和编号

在 Word 2010 的编号格式库中内置有多种项目符号和编号,使用项目符号和编号,可以提高文档的可读性。手工输入项目符号和编号不仅效率不高,在增、删段落时还需要修改编号顺序,容易出错。而 Word 2010 可以设置自动给段落创建项目符号和编号。项目符号使用的是符号,而编号使用的是一组连续的数字或字母,出现在段落前。项目符号和编号的设置方法如下:

①将鼠标定位在要插入项目符号或编号的位置。

②在"开始"功能区的"段落"分组中,单击"项目符号"或"编号",或者"多级列表"命令按钮右侧的箭头符号,如图 3-74 所示。选择合适的项目符号或编号或多级列表后即可。

图 3-74　项目符号和编号

使用了项目符号或编号后,在该段落结束回车时,系统会自动在新的段落前插入同样的项目符号和编号。

如果是在文档中选中段落文本后再设置项目符号和编号,则系统会自动在选中的段落前插入同样的项目符号或编号。

4. 边框和底纹

(1)边框

①设置文字或段落边框

方法 1:通过"开始"功能区按钮设置

选定文档中欲设置边框的文字或段落,在"开始"功能区的"字体"分组中单击"字符边框"命令按钮,如图 3-75 所示,即可完成设置。

图 3-75　"字符边框"命令按钮

方法 2:通过边框和底纹对话框设置

选定文档中欲设置边框的文字或段落,在"开始"功能区的"段落"分组中单击"边框和底纹"命令按钮右侧的箭头符号,选择"边框和底纹"命令,弹出"边框和底纹"对话框,如图 3-76 所示。在"边框"选项卡中,可以设置边框的样式、线型、颜色、宽度、应用范围等,应用范围可以是选定的"文字"或"段落"。用户可以根据对话框右边的预览效果进行调整。

图 3-76　"边框和底纹"对话框的"边框"选项卡

②设置页面边框

在"页面布局"功能区的"页面背景"分组中单击"页面边框"命令按钮,则会弹出"边框和底纹"对话框,如图 3-77 所示,在该对话框进行设置。

图 3-77　"边框和底纹"对话框的"页面边框"选项卡

(2)底纹

设置底纹的方法如下:

方法 1:通过"开始"功能区的按钮设置

选定欲设置底纹的文字,在"开始"功能区的"字体"分组中单击"字符底纹"命令按钮,如图 3-78 所示,即可完成设置

方法 2:通过"边框和底纹"对话框设置

选定欲设置底纹的文字,在如图 3-76 所示的"边框和底纹"对话框中,单击"底纹"选项卡,如图 3-79 所示,分别设置填充底纹的颜色、底纹图案样式和颜色以及底纹应用范围。

图 3-78　"字符底纹"命令按钮

图 3-79 "边框和底纹"对话框的"底纹"选项卡

5.页眉和页脚

页眉位于页面顶部,可添加一些关于书名或者章节的信息。页脚位于页面的底部,通常会把页码放在页脚里。页眉和页脚只能在页面视图和打印预览方式下可看。

(1)设置页眉

在"插入"功能区的"页眉和页脚"分组栏中,单击"页眉"命令按钮,在下拉列表中,可选择合适的样式,如图 3-80 所示;也可以选择"编辑页眉",弹出"设计"功能区,如图3-81所示。

图 3-80 "插入"功能区的页眉命令按钮

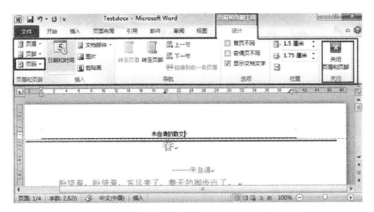

图 3-81　"页眉和页脚工具"的"设计"功能区

在"设计"功能区中主要有以下操作：

①插入"日期和时间""文档邮件""图片"和"剪贴画"。

②在"转至页眉""转至页脚""上一节""下一节"和"链接到前一条页眉"之间导航。

③可选择"首页不同""奇偶页不同"和"显示文档文字"3 个选项中的一个或多个。

④可手动设置"页眉至顶端的位置"和"页脚至底端的位置"。

⑤"关闭页眉和页脚"，完成页眉、页脚的设置。

如果要删除页眉，则在图 3-80 中，选择"删除页眉"即可。

（2）设置页脚

在"插入"功能区的"页眉和页脚"分组栏中单击"页脚"命令按钮，在下拉列表中可选择合适的样式，如图 3-82 所示；也可选择"编辑页脚"，弹出"设计"功能区，如图 3-81 所示。如果要设置页码，则选择图 3-81 中的"页眉和页脚"分组栏中的"页码"。

如果要删除页脚，则选择图 3-82 中的"删除页脚"即可。

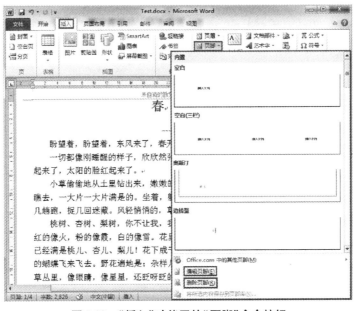

图 3-82　"插入"功能区的"页脚"命令按钮

6.样式

样式就是预先设置好的一系列格式,使用样式有两个优点:一是可以快速对选定内容进行格式设置;二是如果对一种样式进行修改,那么文档中使用该样式的文本都会自动做相应的调整,保持文档风格一致。

使用样式很简单,在"开始"选项卡的功能区中有一个样式区域,在该区域中 Word 2010 自带了一些默认样式,如"标题1"等,如图 3-83 所示。

图 3-83 "开始"功能区中的"样式"

将相关段落设置为样式的步骤:选择需要应用样式的段落,在如图 3-83 所示的样式区域中选择相应的样式,如"标题1"等。

长篇文档由于篇幅较多,若要对其中的内容进行定位会比较麻烦。使用样式后,由于标题具有级别差异,打开导航窗格就能方便地进行层次结构的查找和定位,如图 3-84 所示。

图 3-84 文档结构图

7.分节

一个文档可以划分成若干部分,每个部分称为一节。节可以是一个段落,也可以是整个文档。节的起始位置是人为确定的,每节都可以定义各自独立的格式,相邻的两节之间用分节符分隔,分节符的格式仅对其前面的节起作用。将插入点移动到某个分节符上,按"Delete"键可以删除该分节符及其前面的节的格式,而该节的格式将继承下一节的格式特征。

当打开一个新文档时,整个文档是作为一个节来处理的。若要改变文档中某个部分的纸型和方向、页边距、页码、页眉和页脚、分栏属性,可建立一个新节。

分节符的类型有下一页、连续、偶数页、奇数页 4 种,其含义分别如下:

- 下一页:插入分节符并分页,从下一页顶端开始。
- 连续:插入分节符,但不插入分页符。
- 偶数页:插入分节符,下一节从新的偶数页开始。
- 奇数页:插入分节符,下一节从新的奇数页开始。

建立新节的步骤如下:

①将插入点移动到新节开始位置。

②在"页面布局"功能区的页面设置区域中单击"分隔符",弹出下拉菜单,如图 3-85 所示。

③在下拉菜单中分隔符的下面,选择自己所需的分节符类型,如图 3-85 所示。

图 3-85 分节符

8. 目录

设置好文档中的各级标题后,Word 2010 可以自动提取各级标题生成目录。

（1）生成目录

①使用 Word 2010 提供的"样式"功能,定义好文档中的各级标题。

②将插入点移动到要生成目录的位置。通常,目录出现在文档的正文前面。

③"引用"功能区的目录区域,单击"目录"按钮,在下拉菜单中选择"插入目录",弹出"目录"对话框,如图 3-86 所示。

图 3-86　目录路径

④在"目录"对话框中设置好需要显示的标题级别,如图 3-87 所示。然后,单击"确定"按钮即可在当前插入点位置自动生成文档的目录。

图 3-87　"目录"对话框

（2）使用目录

利用 Word 2010 自动生成的目录并不是简单的标题列表,它还具有超级链接功能。将鼠标指向目录中的某个标题,然后按住"Ctrl"键,鼠标指针将变成链接指针。此时单击鼠标即可快速定位到文档中该标题的位置。

（3）更新目录

图 3-88　"更新目录"对话框

目录生成后,如果又对文档内容进行了新的修改,可能就需要更新目录,这仍可由 Word 2010 自动完成。

①在目录区域中单击鼠标右键,在快捷菜单中选择"更新域"命令,弹出"更新目录"对话框,如图 3-88 所示。

②在"更新目录"对话框中选择"更新整个目录",单击"确定"按钮完成目录更新。

三、任务实施

1. 新建 Word 文件

新建 Word 文档,将文件名保存为"××××课程实训方案. docx"。

2. 录入文字

在 Word 编辑区域内录入方框中的文字内容。

××××课程实训方案
一、实训目的
1.进一步巩固和提高学生基础理论和专业知识;
2.进一步提高学生数据库设计、数据库编程能力;
3.培养学生掌握解决实际问题的基本技能。
二、实训要求
实训设计的要求体现于整个工作的各个阶段中,根据课题的特点应达到如下基本要求:
根据课题任务制订合理、可行的工作计划。
进行必要的调研和资料搜集、文献阅读。
制订适当的技术方案,并通过与其他方案的比较加以论证。
三、实训题目
《教材管理系统》。
四、软件功能
用户及权限管理。
专业课程计划录入、审核、修改、查询。
根据执行计划生成参考订单及订单的新增、修改、查询。
教材入库及入库单查询。
教材发放到班级或个人;教材发放查询。
教材退还(学生、班级退书、向供应商退书)。
费用结算(学生费用、供应商费用)。
各种统计报表查询及打印。
五、进度安排
本课程设计时间为 6 周,分 4 个阶段完成:
1.需求分析设计阶段

明确软件需求,编写需求说明书,设计概念数据模型。进行需求阶段评审。阶段评审由学生小组内部评审、教师抽查公开评审方式进行。时间:1周。

2.概要设计、详细设计阶段

3.开发编码阶段

4.测试阶段

5.总结报告阶段

6.考核阶段

六、资源需求

1.硬件环境:电脑,每人一台,能够流畅运行 VS 2008 和 SQLServer 2005。

2.软件环境 VS 2008、SQLServer 2005。

七、考核

对学生实训考核主要通过对每位学生的答辩进行。成绩由平时成绩(实训期间参与实训情况及工作态度)、作品完成情况、答辩情况进行(平时 30%,作品完成情况 30%,答辩 40%)。

×××× 年 ×× 月 ×× 日

3.根据任务二的相关知识设置文本格式

标题:黑体,三号,加粗,居中对齐,段前段后间距1行,单倍行距。
正文:宋体,五号,两端对齐,首行缩进两个字符,行距20磅。
落款日期:宋体,五号,右对齐,行距20磅。

4.设置样式

(1)设置一级标题

①选择"一、实训目的"文字。

②在"开始"选项卡功能区的样式区域中选择"标题1",并修改字体为黑体,小四号,加粗,左对齐,单倍行距,段前段后间距0.5行。

③使"一、实训目的"文字仍然处于被选中状态。

④双击"开始"选项卡功能区的格式刷。

⑤然后再分别选择二、三、四、五、六、七项标题内容,使一、二、三、四、五、六、七项标题内容的格式一致,都为标题1。

(2)设置二级标题

①选择"五、进度安排"中的"1.需求分析设计阶段"文字。

②在"开始"选项卡功能区的样式区域中选择"标题2",并修改字体为宋体,五号,加粗,左对齐,单倍行距,段前段后间距0.5行。

③使"1.需求分析设计阶段"文字仍然处于被选中状态。

④双击"开始"选项卡功能区的格式刷。

⑤然后再分别选择2、3、4、5、6项标题内容,使1、2、3、4、5、6项标题内容的格式一致,

都为"标题 2"。

5. 设置项目符号

①选中"二、实训要求"中的基本要求内容,如图 3-89 所示。

二、实训要求
实训设计的要求体现于整个工作的各个阶段中,根据课题的特点应达到如下基本要求:
根据课题任务制订合理、可行的工作计划。
进行必要的调研和资料搜集、文献阅读。
制订适当的技术方案,并通过与其他方案的比较加以论证。
独立完成模块的设计。软件设计要符合软件工程规范。
软件界面美观,操作方便,具有一定的实用价值。
对课题成果进行总结,撰写实训设计说明书。

图 3-89　选中基本要求内容

②在"开始"选项卡功能区的段落区域中,单击"项目符号"按钮,选择需要的相应的项目符号,如图 3-90 所示。

图 3-90　项目符号

另外一个项目符号的设置类似。

6. 添加分节符

①将插入点定位于文档的开始位置,如图 3-91 所示。

xxxx 课程实训方案
一、实训目的
1. 进一步巩固和提高学生基础理论和专业知识;
2. 进一步提高学生数据库设计、数据库编程能力;
3. 培养学生掌握解决实际问题的基本技能;

图 3-91　插入点定位

②在"页面设置"选项卡功能区的页面设置区域,单击"分隔符"按钮,在下拉菜单中选择分节符中的"下一页",如图 3-85 所示。这样在文档标题前就出现了一个空页。

7. 设置页眉和页码

①在"插入"选项卡功能区的页眉和页脚区域中,单击"页眉"按钮,在下拉菜单中选择"编辑页眉"。这时,页眉处于编辑状态,如图 3-92 所示。

图3-92 编辑状态的页眉

②找到"页眉-第2节-"的页眉编辑处。

③观察"页眉和页脚工具设计"选项卡功能区的导航区域。查看"链接到前一条页眉"按钮是否亮显。如果是亮显,则单击该按钮,关闭亮显,如图3-93所示。

图3-93 观察"页眉和页脚工具"设计选项卡

④在"页眉-第2节-"的页眉编辑处,输入页眉内容"××××课程实训内容"文字,并居中。

⑤在"页眉和页脚工具设计"选项卡功能区的导航区域,单击"转至页脚"按钮。

⑥在"页眉和页脚工具设计"选项卡功能区的页眉、页脚区域,单击"页码"按钮,在下拉菜单中选择"设置页码格式",弹出"页码格式"对话框,如图3-94所示。

图3-94 页码格式   图3-95 目录效果

⑦在页码格式对话框中,设置编号格式,并将起始页码设置为1。

⑧在页脚处输入"第 页",居中,并将插入点定位到"第"字和"页"字中间。

⑨在"页眉和页脚工具设计"选项卡功能区的页眉、页脚区域,单击"页码"按钮,在下拉菜单中选择"当前位置",在弹出的下拉菜单中选择"普通数字",插入页码完成。

8. 生成目录

将插入点定位于第一页即前面的空页,在"引用"选项卡功能区的目录区域中,单击"目录"按钮,在下拉菜单中选择"插入目录",弹出"目录"对话框,如图3-86所示。在"目录"对话框中设置好需要显示的标题级别,如图3-87所示,然后单击"确定"按钮即可在当前插入点位置自动生成文档的目录。选中所有目录文字,将字体设置为宋体,小四号,行距:固定值20磅。效果如图3-95所示。

任务四　图文混排——书刊版面设计

一、任务描述

小林在准备计算机等级考试,其中的上机考试第二道题就要求进行图文混排。具体要求如下:

①排版设计

• 纸张:A4;边距:左右页边距均为 2 厘米,上下页边距均为 2.2 厘米。

• 标题:将标题设置为二号红色仿宋、加粗、居中,段后间距设置为 12 磅。

• 正文:将前面录入的正文内容复制两份,每段首行缩进两个字符,正文内容第一、三自然段设置为黑体小四号,第二自然段设置为隶书五号、缩放 120%、字间距加宽 1.5 磅;第一自然段设置首字下沉,字体为微软雅黑,下沉 4 行;分栏:第三自然段分为两栏,中间加分栏线。

②将正文中所有"Blog"一词添加下画线(红色双波浪线),并设置为蓝色,华文彩云,四号字,加粗倾斜。

③用自选图形绘制一个"笑脸"对象。要求:添加文字"博客",居中对齐;线条颜色为红色,填充色为绿黄色双色渐变中心辐射;衬于文字下方。

④保存为 JSJ1.docx,其最终效果如图 3-96 所示。

图 3-96　图文混排效果图

二、任务准备

1. 分栏

为了美化文档版面的布局，可以根据需要将文档分栏排版。

①选定欲分栏的内容。

②在"页面布局"功能区的"页面设置"分组中单击"分栏"按钮，在分栏列表中可以看到有一栏、二栏、三栏、偏左、偏右和"更多分栏"，如图3-97所示。这里可根据自己想要的栏数来选择合适的分栏。

图 3-97 "分栏"命令按钮

如果分栏中的数目还不是自己想要的可以单击进入"更多分栏"，则会弹出"分栏"对话框，如图3-98所示。在"分栏"对话框的"栏数"后面设定数目，最高上限为11，根据需求设置。如果想要在分栏的效果中加上"分隔线"，可以在"分栏"窗口中勾选"分隔线"，按"确定"按钮即可。

图 3-98 "分栏"对话框

2. 首字下沉

在报刊、杂志中经常看到首字下沉的效果,可以使用首字下沉来代替每段的首行缩进,使文章更醒目。Word 2010 中可以设置段落的首字下沉。

图 3-99　"首字下沉"对话框

①选定文档中欲设置首字下沉的段落,在"插入"功能区的"文本"分组中单击"首字下沉"命令按钮。

②在"首字下沉"列表中,可以看到"无""下沉""悬挂"和"首字下沉"选项。可根据自己的需求来选择合适的选项。

如果要进行详细设置,就选择"首字下沉"选项,则会弹出"首字下沉"对话框,如图3-99所示。在"首字下沉"对话框中,可设置位置、字体、下沉行数、距正文,最后单击"确定"按钮完成设置。

3. 背景和水印

(1)背景

Word 2010 文档的页面背景不仅可以使用单色或渐变颜色背景,还可以使用图片或纹理作为背景。其中,纹理背景主要使用 Word 2010 内置的纹理进行设置,而图片背景则可以由用户使用自定义图片进行设置。设置纹理或图片背景的步骤如下:

①在"页面布局"功能区的"页面背景"分组中,单击"页面颜色"命令按钮,在弹出的列表中可以看到"主题颜色""无颜色""其他颜色"和"填充效果",如图 3-100 所示。

②选择"主题颜色""无颜色"和"其他颜色"中的一项来设置页面背景的颜色。当然也可选择"填充效果"命令,弹出"填充效果"对话框,如图 3-101 所示。

图 3-100　"页面颜色"命令按钮

图 3-101　"填充效果"对话框的"渐变"选项卡

③在"填充效果"对话框中,可以设置背景的填充效果有"渐变""纹理""图案"和"图片"选项。

• 渐变背景设置:在图 3-101 所示的"渐变"选项卡中,可在"颜色"选项组中选择"单色"渐变、"双色"渐变或"预设"渐变。如果选择的是"单色"或"双色"渐变,可在右边的颜色下拉列表框中选择需要的颜色;如果选择的是"预设"渐变,则可在右边的"预设颜色"下拉列表框中选择"红日西斜"等相应名字的预设颜色。可在"透明度"选项组中选择背景颜色透明度,可在"底纹样式"选项组中选择"水平""垂直""斜上""斜下""角部辐射"或"中心辐射"背景渐变样式,选择后可在右边的"变形"选项组中观看预览效果。最后单击"确定"按钮即可。

• 纹理背景设置:在打开的"填充效果"对话框中切换到"纹理"选项卡,在纹理列表中选择合适的纹理样式,下方会显示选择纹理的名称,并单击"确定"按钮。

• 图案背景设置:在"填充效果"对话框的"图案"选项卡中,首先选择相应的图案,在图案下方会显示选择图案的名称,然后在"前景"和"背景"下拉列表框中选择图案的前景色及背景色,最后单击"确定"按钮即可。

• 图片背景设置:在"填充效果"对话框的"图片"选项卡中,单击"选择图片"按钮,在弹出的如图 3-102 所示的"选择图片"对话框中选择希望作为背景的图片,单击"插入"按钮,最后单击"确定"按钮即可。

图 3-102 "选择图片"对话框

> **提示**
>
> 要取消页面背景,选择图 3-100 中的"无颜色"选项即可。

(2)水印

通过插入水印,可以在 Word 2010 文档背景中显示半透明的标识(如"机密""草稿"等文字)。水印可以是图片,也可以是文字,并且 Word 2010 内置有多种水印样式。

在"页面布局"功能区的"页面背景"分组中单击"水印"按钮,并在打开的水印面板中选择合适的水印即可,如图 3-103 所示。

图 3-103　"水印"命令按钮

如果需要删除已经插入的水印,则再次单击水印面板,并单击"删除水印"按钮即可,如图 3-103 所示。

如果要对水印做详细的设置,则需单击图 3-103 中"自定义水印"选项,这时,就会弹出"水印"对话框,如图 3-104 所示。在"水印"对话框中,主要有"图片水印"和"文字水印"。

图 3-104　"水印"对话框

●图片水印:在"水印"对话框中,单击"图片水印"单选按钮,再单击"选择图片",选取所需的图片后返回到该对话框;最后单击"确定"按钮,图片水印便被添加到文档背景中。

●文字水印:在"水印"对话框中,单击"文字水印"单选按钮;然后在"文字"选项框中输入水印文字,再根据需要调整字体、尺寸、颜色等其他选项;最后单击"确定"按钮,文字水印便被添加到了文档背景中。

4.插入图片

(1)插入图片文件

①将插入点定位到预插入图片的位置,单击"插入"功能区的"插图"分组栏中的"图

片"命令按钮,如图3-105所示,则会弹出"插入图片"对话框。

图3-105 "插入"功能区的"插图"分组栏

②在"插入图片"对话框中选择所需的图片文件后,单击"插入"按钮即可。

③插入图片后,选择文档中的图片,"图片工具"就会出现在功能区中,如图3-106所示。利用"图片工具"可以对选中的图片进行编辑。"图片工具"可以对图片设置的功能有:图片调整、图片样式、排列和大小等。其中,自动换行可以实现图文混排效果。

图3-106 "图片工具"功能区

④利用"设置图片格式"对话框设置图片格式:插入图片后也可以在图片上单击鼠标右键,在弹出的快捷菜单中选择"设置图片格式"选项,会弹出"设置图片格式"对话框,如图3-107所示。在该对话框中可以对图片的填充、线条颜色、线型、阴影、发光和柔化边缘、三维格式、三维旋转、图片更正、图片颜色、艺术效果、裁剪、文本框和可选文字。

图3-107 "设置图片格式"对话框

⑤改变图片的大小。首先用鼠标单击图片,使其周围出现8个控制大小的圆点,然后将鼠标指针移到圆点处,当指针变成双向箭头后按下左键不放拖动鼠标,即可改变图片大小。

⑥移动图片。首先用鼠标单击图片,然后按下左键不放拖动鼠标,即可移动图片。

(2)插入剪贴画

①将插入点定位到预插入剪贴画的位置,单击"插入"功能区的"插图"分组栏中的"剪贴画"命令按钮。

②在文档窗口右侧的"剪贴画"任务窗格中,单击"搜索"按钮后,可选择所需的剪贴画。

5.插入艺术字

①将插入点定位到预插入艺术字的位置,单击"插入"功能区的"文本"分组中"艺术字"命令按钮,则会弹出下拉选项,如图 3-108 所示。在选项中选择一种艺术字样式,即可弹出"艺术字"编辑框,如图 3-109 所示。

图 3-108　"插入"功能区的艺术字按钮

图 3-109　"艺术字"编辑框

②在"艺术字"编辑框中输入艺术字的内容,然后单击选中该编辑框,就会出现"绘图工具"功能区,可以设置插入形状、形状样式、艺术样式、文本、排列和大小等功能。

6.插入文本框

文本框是一个独立的对象,其内部的文本和图片可随文本框移动,使用文本框可使文档内容更加丰富,排版更加灵活。

(1)插入文本框

①切换到"插入"功能区,在"文本"分组中单击"文本框"按钮,如图3-110所示。

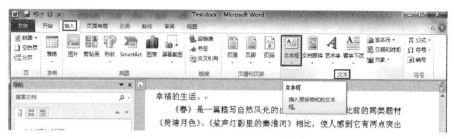

图 3-110 "插入"功能区的文本框

②在打开的内置文本框面板中选择合适的文本框类型,如图 3-111 所示。如果对内置的文本框不满意,还可选择下面的"绘制文本框"或"绘制竖排文本框",然后在文档相应位置按住鼠标拖动绘制出文本框。

图 3-111 Word 2010 的内置文本框

③所插入的文本框处于编辑状态,直接输入用户的文本内容即可。如果要对输入的文本内容格式化,则单击"绘图工具"功能区的相应按钮。

(2)设置形状格式

将鼠标指针移到文本框边框处,当指针变成四向箭头后单击鼠标右键,在弹出的快捷菜单中选择"设置形状格式"选项,将弹出"设置形状格式"对话框,在该对话框中可以设置填充、线条颜色、线型等。

7. 插入形状

在 Word 2010 文档中,利用自选图形库提供的丰富流程图形状和连接符可以制作各种用途的流程图。

（1）插入形状

①打开 Word 2010 文档窗口，切换到"插入"功能区。在"插图"分组中单击"形状"按钮，并在打开的菜单中选择"新建绘图画布"命令。

提示

　　也可不使用画布，而在 Word 2010 文档页面中直接插入形状。

②选中绘图画布，在"插入"功能区的"插图"分组中单击"形状"按钮，并在"流程图"类型中选择插入合适的流程图。

③在 Word 2010"插入"功能区的"插图"分组中单击"形状"按钮，并在"线条"类型中选择合适的连接符。

④将鼠标指针指向第一个流程图图形（不必选中），则该图形四周将出现 4 个红色的连接点。鼠标指针指向其中一个连接点，然后按下鼠标左键拖动箭头至第二个流程图图形，则第二个流程图图形也将出现红色的连接点。定位到其中一个连接点并释放左键，则完成两个流程图图形的连接，如图 3-112 所示。

⑤重复步骤③和④连接其他流程图图形，成功连接的连接符两端将显示红色的圆点，如图 3-112 所示。

⑥根据实际需要在流程图图形中添加文字，完成流程图的制作。

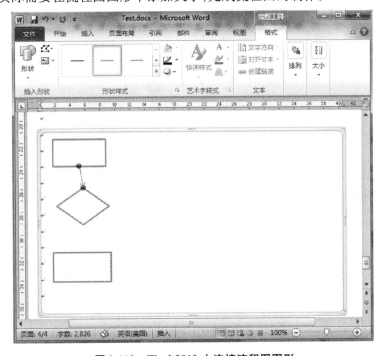

图 3-112　Word 2010 中连接流程图图形

（2）编辑形状

选中要编辑的自选形状，单击鼠标右键弹出快捷菜单，在快捷菜单中选择"添加文字"

选项,可以对自选形状图形中的文字进行编辑。选择"编辑顶点"选项,可调整选定自选形状的顶点位置。如果要把多个自选形状组成一个整体,可以选择"组合"选项。当有多个自选形状重叠时,则可选择"置于顶层"或"置于底层"选项,在弹出叠放次序级联子菜单中,可选择自选叠放次序。如果自选形状没在画布中,选择"自动换行"选项,则可调整自选形状在文档中的位置。选择"设置形状格式"选项,可以打开"设置形状格式"对话框。通过该对话框可以设置自选形状的填充、线条颜色、线型等。

使用"绘图工具:格式"功能区编辑自选形状,可通过"绘图工具:格式"功能区的按钮,来设置自选图形的形状样式、艺术字样式、文本、排列、大小等。

8. 插入 SmartArt 图形

(1)插入 SmartArt 图形

借助 Word 2010 提供的 SmartArt 功能,用户可以在 Word 2010 文档中插入丰富多彩、表现力丰富的 SmartArt 示意图,操作步骤如下:

①在"插图"分组中单击"SmartArt"按钮,如图 3-113 所示。

图 3-113　单击"SmartArt"按钮

②在打开的"选择 SmartArt 图形"对话框中,单击左侧的类别名称选择合适的类别,然后在对话框右侧单击选择需要的 SmartArt 图形,单击"确定"按钮,如图 3-114 所示。

图 3-114　"选择 SmartArt 图形"对话框

③在插入的 SmartArt 图形中单击文本占位符输入合适的文字即可。

（2）改变 SmartArt 图形大小

要改变 SmartArt 图形的大小，首先应选择 SmartArt 图形的画布，在画布的 4 个角和 4 条边框都可以看到 3 个圆点的标志。然后将鼠标指针移到 3 个圆点标志处，当指针变成双向箭头后按下左键不放拖动鼠标，即可改变 SmartArt 图形的大小。

（3）移动 SmartArt 图形

将鼠标指针移到 SmartArt 图形的边框处，当指针变成四向箭头后按下左键不放拖动鼠标，即可移动 SmartArt 图形。

（4）设置 SmartArt 格式

将鼠标指针移到 SmartArt 图形边框处，当指针变成四向箭头后单击鼠标右键，在弹出的快捷菜单中选择"设置对象格式"选项，将弹出"设置形状格式"对话框，在该对话框中可以设置 SmartArt 图形的填充、线条颜色、线型等。

9. 插入屏幕截图

利用 Word 2010 的"屏幕截图"功能，用户可以方便地将已经打开且未处于最小化状态的窗口截图插入 Word 文档中。需要注意的是："屏幕截图"功能只能应用于文件扩展名为.docx 的 Word 2010 文档中，在文件扩展名为.doc 的兼容 Word 文档中是无法实现的。

让准备插入 Word 2010 文档中的窗口处于非最小化状态，然后打开 Word 2010 文档窗口，切换到"插入"功能区。在"插图"分组中单击"屏幕截图"按钮，如图 3-115 所示。打开"可用视窗"面板，Word 2010 将显示智能监测到的可用窗口。单击需要插入截图的窗口即可，如图 3-116 所示。

如果用户仅仅需要将特定窗口的一部分作为截图插入 Word 文档中，则可以只保留该特定窗口为非最小化状态，然后在"可用视窗"面板中选择"屏幕剪辑"命令，如图 3-117 所示。进入屏幕裁剪状态后，拖动鼠标选择需要的部分窗口即可将其截图插入当前 Word 文档中。

图 3-115 "插入"功能区的"屏幕截图"按钮

图 3-116   Word 2010 监测到的可用窗口

图 3-117   选择"屏幕剪辑"命令

三、任务实施

1. 新建 Word 文件

新建 Word 文件,将文件保存为"JSJ1. docx"。

2. 输入文字

博客(Blog)

有关 Blog 的中文名称,一直是国内各 Blog 站点讨论的焦点,因此,Blog 在中国也就有了网络日志、博录、报客、部落以及博客的名字。从字面上解释,Blog 是 Weblog 的简称,Weblog 是"Web"和"Log"的组合,Log 的中文词义是"航海日志",引申为任何类型的流水性记录,因此,Weblog 就可以理解为互联网上的一种流水性记录。这种互联网上的流水性记录,可以视作一个以日记形式表现的个人网页。Blog 的主人可以在 Blog 中将自己每天的生活体验、灵感妙想、得意言论、网络文稿、新闻评论等所有听到的、看到的、感受到的东西记录下来,读者也可以像看日记一样享受主人带来的各种思想与心得。Blog 的主人被称作 Blogger 或 Weblogger,也就是经常提到的部落客或博客、博主。

3. 页面设置

(1) 页边距设置

选择"页面布局"选项卡,单击右下角的按钮,在弹出的"页面设置"对话框中选择页边距选项卡,设置页边距为上下 2.5 厘米,左右 2 厘米。

(2) 纸张设置

在"页面设置"对话框中选择"纸张"选项卡,将纸张大小设置为 A4。

4. 设置标题

选中标题文字,将其设为仿宋,二号,红色,加粗,居中,段后间距为 12 磅。

5. 正文格式化

先将正文内容复制两份,每段首行缩进两个字符,将正文内容第一、第三自然段设置为黑体小四号,第二自然段设置为隶书五号,缩放处设为 120%,字间距加宽 1.5 磅。

6. 首字下沉

①选中第一自然段第一个字"有"。

②在"插入"选项卡功能区的文本区域中,单击"首字下沉"按钮,在下拉菜单中选择"首字下沉选项"菜单项,弹出"首字下沉"对话框,如图 3-118 所示。

图 3-118　"首字下沉"对话框

③在"首字下沉"对话框中,位置选择"下沉",字体选择"微软雅黑",下沉行数设为 4。单击"确定"按钮完成设置。

7. 分栏

①选中第三自然段的文字内容。需要注意的是:不能选中最后一个强制换行符。

②在"页面布局"选项卡功能区的页面设置区域中,单击"分栏"按钮,在下拉菜单中,

选择"更多分栏"菜单项,弹出"分栏"对话框,如图3-119所示。

图 3-119 "分栏"对话框

③在"分栏"对话框中,预设两栏,并在"分隔线"前的复选框中打勾,然后单击"确定"按钮完成设置。

8. 正文指定词的替换

①在"开始"选项卡功能区的编辑区域中,单击"替换"按钮,弹出"查找和替换"对话框,如图3-120所示。

图 3-120 简略的"查找和替换"对话框

②在"查找和替换"对话框中,查找内容后输入"Blog",替换为后输入"Blog",然后单击"更多"按钮,展开更详细的"查找和替换"对话框,如图3-121所示。

③首先用鼠标单击一下,"替换为"后面文本框,然后单击"格式"按钮,在下拉菜单中,选择"字体"菜单项,弹出"替换字体"对话框,如图3-122所示。

④在替换字体对话框中,将字体设为华文彩云,四号,加粗,倾斜;字的颜色为蓝色,下画线为红色双波浪线。然后单击"确定"按钮完成设置。此时,查找替换对话框设置效果如图3-123所示。

⑤在"查找和替换"对话框中,单击"查找下一处"按钮,观察查找的"Blog"是否是正文中的一个单词。如果是,则单击"替换"按钮替换;如果不是,则继续单击"查找下一处"按钮。直到查找内容结束。

图 3-121 详细的"查找和替换"对话框

图 3-122 "替换字体"的设置情况

图 3-123　设置后的"查找和替换"对话框

9.绘制笑脸

①在"插入"选项卡功能区的插入区域中,单击"形状"按钮,在其下拉菜单中的"基本形状"块中找到笑脸图形,并单击,如图 3-124 所示。

图 3-124　笑脸图形

图 3-125　笑脸

②在 Word 文档的编辑区域中按下鼠标左键不要松开,拖动鼠标画出笑脸,如图3-125所示。

③鼠标右键单击"笑脸"图形,在弹出的快捷菜单中选择"添加文字"菜单项,然后输入"博客"。

④再次用鼠标右键单击"笑脸"图形,在弹出的快捷菜单中选择"设置形状格式"菜单项,弹出"设置形状格式"对话框,如图 3-126 所示。

⑤在设置形状格式对话框中,首先在左侧选择"填充",然后在右侧选择"渐变填充",类型选择"射线",在渐变光圈处,默认有 3 个滑块。单击中间的滑块,然后再单击最右边的"🔟"按钮删除中间滑块。选择第一个滑块,将颜色设置为绿色;选择第二个滑块,颜色设置为黄色。填充设置结果如图 3-126 所示。

⑥在设置形状格式对话框中,首先在左侧选择"线条颜色",然后在右侧选择"实线",颜色设为"红色",如图 3-127 所示 。最后单击"关闭"按钮完成设置。

⑦用鼠标右键单击"笑脸"图形,在弹出的快捷菜单中依次选择"自动换行"→"衬于文

字下方"，如图 3-128 所示。

图 3-126　"设置形状格式"对话框之"填充"

图 3-127　设置形状格式对话框之线条颜色

图 3-128　衬于文字下方

任务五　制作表格——个人简历制作

一、任务描述

正在读大学二年级的小彭，要参加模拟求职比赛。什么样的个人简历才能让小彭在比赛中取得好成绩？简历要怎么做才能充分展示自己？勤奋的小彭苦苦思索，并上网去搜索一些相关的资料，最后设计出了一份清爽、简明的个人简历，如图 3-129 所示。

个人简历

姓名		性别		出生年月		照片
身高		体重		政治面貌		
籍贯		民族		毕业时间		
学历		学位		学　制		
毕业院校及专业						
联系地址			邮政编码			
家庭电话			手机号码			
应聘岗位						
技能						
计算机水平			英语水平			
专业特长						
职业技能证书						
职业资格证书						
其他荣誉证书						
学习经历						
时　间	学　校		职　务	证明人		
社会实践经历						
时　间	单　位		工作内容	效　果		
特长、爱好						
自我评定						

图3-129　个人简历样式

二、任务准备

1. 表格的建立

（1）利用鼠标在网格中移动创建表格

①将插入点定位到文档中欲插入表格的位置，然后单击"插入"功能区中"表格"分组

的"表格"命令按钮,则会弹出创建表格的下拉列表。

②用鼠标在"插入表格"选项下网格中移动,原来"插入表格"的字样就变成了欲新建表格的列数和行数,如图 3-130 所示,单击鼠标左键即可在文档插入点处插入一个表格。

图 3-130　在网格中移动鼠标创建表格

（2）单击"插入表格"选项创建表格

①选择"插入表格"命令选项,则会弹出"插入表格"对话框,如图 3-131 所示。

②在打开的"插入表格"对话框中,在"表格尺寸"区域分别设置表格的行数和列数。在"'自动调整'操作"区域,如果选中"固定列宽"单选框,则可以设置表格的固定列宽尺寸;如果选中"根据内容调整表格"单选框,则单元格宽度会根据输入的内容自动调整;如果选中"根据窗口调整表格"单选框,则所插入的表格将充满当前页面的宽

图 3-131　"插入表格"对话框

度。选中"为新表格记忆此尺寸"复选框,则再次创建表格时将使用当前尺寸。设置完毕,单击"确定"按钮即可,如图 3-131 所示。

（3）使用"绘制表格"选项创建表格

如果用户希望绘制出不同行高、列宽的各种不规则的复杂表格,则可使用"绘制表格"功能。具体操作方法:

①单击"插入"功能区中的"表格"命令按钮,并在弹出的下拉菜单(见图 3-130)中,选择"绘制表格"选项。

②当鼠标指针变成铅笔形状,拖动鼠标左键绘制表格边框、行和列。

③绘制表格完成后,按"Esc"键或者在"表格工具"功能区的"设计"选项卡中单击"绘制表格"按钮取消绘制表格状态。

在绘制表格时如果需要删除行或列,则可单击"设计"选项卡的"擦除"按钮。当指针变成橡皮擦形状时拖动鼠标左键即可删除行或列,按"Esc"键可以取消擦除状态。

2.表格的编辑

(1)表格数据的输入

表格中行和列交叉处的一个小方格称为单元格,将插入点定位在某一个单元格中,可在该单元格中输入数据。当输入单元格中的数据超出单元格的宽度时,系统会自动换行,增加行的高度。

如果希望在表格中不同的单元格内插入数据,则需要移动插入点。插入点在表格中的移动可通过鼠标在单元格中直接单击实现,也可通过键盘按键来实现。例如,可按键盘上的↑、↓、←、→键,分别将插入点向上、向下、向左、向右移动一个单元格;按"Tab"键,将插入点移到下一个单元格;按"Shift + Tab"组合键,将插入点移到上一个单元格。

(2)表格的选定

●选定单元格:将鼠标移到单元格内部的左侧,鼠标指针变成指向右上方的黑色箭头,单击鼠标左键可选定一个单元格,按住鼠标左键拖动可以选定多个单元格。

●选定行:鼠标移到行的最左边,鼠标指针变成指向右上方的箭头,单击鼠标左键可选定一行,按住鼠标左键继续向上或向下移动,可选定多行。

●选定列:鼠标移到列的最上边,指针变成向下的黑色箭头,在某列上单击鼠标左键可选定一列,按住鼠标向左或向右移动,可以选定多列。

●选定整个表格:当鼠标指针移向表格内,在表格外的左上角会出现一个按钮,这个按钮就是"全选和移动"控制柄,如图 3-132 所示,用鼠标左键单击它可以选定整个表格。如果在"全选和移动"控制柄上按下鼠标左键不放拖动鼠标即可移动表格位置。

图 3-132　表格的"全选和移动""大小"控制柄

(3)表格的大小和位置

创建好表格后,如果感觉表格的大小不合适,需要调整,操作方法如下:

①将鼠标移到表格中,表格的右下角就会出现一个小矩形,如图 3-132 所示,此小矩形就是改变表格大小的控制柄。

②再将鼠标移到改变表格大小的控制柄处,当鼠标变成双箭头后,按下鼠标左键不放,移动鼠标即可改变表格的大小。

创建好表格后,如果感觉表格的位置不合适,需要调整,操作方法如下:

①将鼠标移到表格中,表格的左上角就会出现一个四向箭头,如图 3-132 所示,此四向箭头就是移动控制柄。

②再将鼠标移到移动控制柄处,当鼠标变成四向箭头后,按下鼠标左键不放,移动鼠标即可移动表格。

(4)行或列的插入

①首先选定一行(一列)或多行(多列),然后在"表格工具"功能区中切换到"布局"选

项卡。如果插入行,则在"行和列"分组中选择"在上方插入"或"在下方插入";如果插入列,则在"行和列"分组中选择"在左侧插入"或"在右侧插入"。

> **注意**
>
> 　将要插入的行数(列数)与选定的行数(列数)相同。

②选定行或列后,单击鼠标右键,在弹出的快捷菜单中选中"插入"菜单项,出现级联子菜单,如图 3-133 所示。如果插入行,则在子菜单中选择"在上方插入"或"在下方插入";如果插入列,则在子菜单中选择"在左侧插入"或"在右侧插入"。

图 3-133　通过快捷菜单插入行或列　　　　图 3-134　"删除单元格"对话框

③如果要在插入点所在行的下方插入一个新行,还可将插入点定位到行的最右侧表格的外面,然后按回车键。

④如果要在表格最后一行下面插入一个新行,可将插入点移到表格的最后一个单元格中,然后按 Tab 键。

(5)行或列的删除

有以下几种方法:

● 用鼠标右键单击选中的行或列,在弹出的快捷菜单中选择"删除单元格",如图 3-133 所示,则会弹出"删除单元格"对话框,如图 3-134 所示。在"删除单元格"对话框中,选择"删除整行"或"删除整列"。

● 鼠标右键单击选中的行或列,在弹出的快捷菜单中选择"剪切"命令。

● 首先选定一行(一列)或多行(多列),然后在"表格工具"功能区中切换到"布局"选项卡,在"行和列"分组中选择"删除"命令按钮,则会弹出下拉菜单。在下拉菜单中,选择"删除行""删除列"或"删除表格"。

注意
　　删除表格是将插入点的整个表格都删除。

（6）表格行高、列宽的调整

●用鼠标调整：将鼠标移到要调整行高或列宽的行、列线上，鼠标指针变成双向箭头时，按住鼠标左键，同时行、列线上出现一条虚线，按住鼠标左键不放移动鼠标到需要的位置即可，如图3-135和图3-136所示。

图3-135　用鼠标调整列宽　　　　图3-136　用鼠标调整行高

●通过设置调整：在表格中选中需要设置高度的行或需要设置宽度的列，在"表格工具"功能区中切换到"布局"选项卡，在"单元格大小"分组中调整"表格行高"数值或"表格列宽"数值，以设置表格行的高度或列的宽度，如图3-137所示。

图3-137　"单元格大小"的设置

图3-138　在右键快捷菜单中选择"合并单元格"

（7）单元格的合并

在Word 2010中，可以将表格中两个或两个以上的单元格合并成一个单元格，以便制作出的表格更符合要求。

●通过右键单击合并：选择表格中需要合并的两个或两个以上的单元格。右键单击被选中的单元格，选择"合并单元格"菜单命令即可，如图3-198所示。

●通过表格布局选项卡功能区按钮合并：选择表格中需要合并的两个或两个以上的单

元格,单击"表格工具"功能区的"布局"选项卡,在"合并"组中单击"合并单元格"按钮即可,如图 3-139 所示。

图 3-139 "表格工具"功能区的"合并单元格"

● 通过绘图工具合并:打开 Word 2010 文档,在表格中单击任意单元格。单击"表格工具"功能区的"设计"选项卡,在"绘图边框"组中单击"擦除"按钮,指针变成橡皮擦形状。在表格线上拖动鼠标左键即可擦除线条,将两个单元格合并。

按"Esc"键或再次单击"擦除"按钮取消擦除状态。

(8)单元格的拆分

可根据需要将 Word 2010 中表格的一个单元格拆分成两个或多个单元格,从而制作较为复杂的表格。

● 通过右键单击拆分:右键单击需要拆分的单元格,在打开的快捷菜单中选择"拆分单元格"命令,打开"拆分单元格"对话框,分别设置需要拆分成的"列数"和"行数",单击"确定"按钮完成拆分,如图 3-140 所示。

图 3-140 "拆分单元格"对话框

● 通过表格布局选项卡功能区按钮拆分:打开 Word 2010 文档,单击需要拆分的单元格,单击"表格工具"功能区的"布局"选项卡,单击"拆分单元格"按钮,如图 3-141 所示。

图 3-141 "表格工具"功能区的拆分单元格

（9）表格的拆分与合并

•表格的拆分：打开 Word 2010 文档，单击需要拆分的单元格，单击"表格工具"功能区的"布局"选项卡，单击"拆分表格"按钮，如图 3-142 所示。

图 3-142　"表格工具"功能区的"拆分表格"

•表格的合并：打开 Word 2010 文档，选择两个相邻的表格，删除中间的换行符即可完成两个表格的合并。

（10）平均分布各行（各列）

有时，需将大小不等的单元格变成大小相等的单元格，可以使用平均分布各行（各列）。首先选定要进行平均分布的多行（多列），然后使用下面的方法实现行高或列宽的平均分布。

•通过表格的布局选项卡功能区设置：单击"表格工具"功能区的"布局"选项卡，在"单元格大小"分组中选择"分布行"或"分布列"即可，如图 3-143 所示。

图 3-143　"表格工具"功能区的平均分布各行（各列）

•通过右键单击设置：单击鼠标右键，在弹出的快捷菜单中选择"平均分布各行"或"平均分布各列"即可，如图 3-144 所示。

图 3-144　快捷菜单的平均分布各行(各列)

3.表格的格式化

(1)对齐方式

Word 2010 的文字对齐方式跟以前的 Word 版本一样,有 9 种对齐方式,即靠上两端对齐、靠上居中对齐、靠上右对齐、中部两端对齐、水平居中、中部右对齐、靠下两端对齐、靠下居中对齐、靠下右对齐。首先选择要设置对齐方式的文字,然后按下述方法之一完成操作。

●通过右键单击设置对齐方式:单击鼠标右键,在弹出的快捷菜单中,选择"单元格对齐方式"菜单项,在级联子菜单中选择所需的对齐方式,如图 3-145 所示。

图 3-145　快捷菜单的对齐方式

● 通过表格布局选项卡功能区设置对齐方式:单击"表格工具"功能区的"布局"选项卡,在"对齐方式"分组中选择自己所需的对齐方式即可。

(2)表格的边框和底纹

打开 Word 2010 文档窗口,在 Word 表格中选中需要设置边框的单元格或整个表格。在"表格工具"功能区切换到"设计"选项卡,然后在"表格样式"分组中单击"边框"下拉按钮,并在边框菜单中选择"边框和底纹"命令。

在打开的"边框和底纹"对话框中切换到"边框"选项卡,在"设置"区域选择边框显示位置。

● 选择"无"选项,表示被选中的单元格或整个表格不显示边框。

● 选中"方框"选项,表示只显示被选中的单元格或整个表格的四周边框。

● 选中"全部"选项,表示被选中的单元格或整个表格显示所有边框。

● 选中"虚框"选项,表示被选中的单元格或整个表格四周为粗边框,内部为细边框。

● 选中"自定义"选项,表示被选中的单元格或整个表格由用户根据实际需要自定义设置边框的显示状态,而不仅仅局限于上述 4 种显示状态,如图 3-146 所示。

图 3-146 "边框和底纹"的"边框"选项卡

在"样式"列表中选择边框的样式(如双横线、点线等样式);在"颜色"下拉菜单中选择边框使用的颜色;单击"宽度"下拉三角按钮选择边框的宽度尺寸。在"预览"区域,可通过单击某个方向的边框按钮来确定是否显示该边框。设置完毕单击"确定"按钮。

(3)设置标题行重复

在 Word 文档编辑过程,有时候表格的内容不能放在一页里,需要多页存放。这就需要将表格的标题在多页显示,其方法就是设置标题行重复。选择要重复的标题内容,即要重复的行和列。单击"表格工具"功能区的"布局"选项卡,在"数据"分组中选择"重复标题行"即可,如图 3-147 所示。

图 3-147 重复标题行

三、任务实施

1. 新建 Word 文件

新建"个人简历. docx"。

2. 设置标题

输入"个人简历",将其设置为：居中、华文行楷、一号字。

3. 绘制表格

在"插入"选项卡功能区的表格区域中，单击"表格"按钮，在下拉菜单中选择"插入表格"菜单项，弹出"插入表格"对话框，如图 3-148 所示。在插入表格对话框中，列数设为 7，行数设为 24。

图 3-148 插入表格对话框

4. 合并单元格，调整单元格宽度并输入信息

选中前 4 行最后一列的单元格，单击鼠标右键，在弹出的快捷菜单中选择"合并单元格"。按项目描述中表格的样式，继续合并单元格并输入信息。最后录入个人信息，完成简历制作。

本章小结

本章介绍了微软 Office 2010 系列办公自动化软件中的一个重要组件——Word 文字处理软件。通过相关实例主要介绍了 Word 的基本功能、运行环境、启动和退出；窗口组成，菜单栏与工具栏及其使用方法；文档的创建、保存和打开；文档的文字输入、基本编辑和格式排版操作；文档的页面设置与打印操作；文档的标题、分隔符、目录、页眉和页脚的设置等；

图文混排版式的制作方法,包括分栏、剪贴画、艺术字、图片和图形的编辑与排版等;文档中表格的创建、编辑与排版。

拓展训练

一、将以下素材按要求排版

1.将标题字体设置为"黑体",字形设置为"常规",字号设置为"小初",选定"效果"为"空心字"且居中显示。

2.将"陶渊明"的字体设置为"楷体"、字号设置为"小三",文字右对齐加双曲线边框,线型宽度应用系统默认值显示。

3.将正文行距设置为25磅。

【素材】

归去来兮辞
——陶渊明

归去来兮!田园将芜胡不归?既自以心为形役,奚惆怅而独悲?悟已往之不谏,知来者之可追;实迷途其未远,觉今是而昨非。舟摇摇以轻飏,风飘飘而吹衣。问征夫以前路,恨晨光之熹微。乃瞻衡宇,载欣载奔。僮仆欢迎,稚子候门。三径就荒,松菊犹存。携幼入室,有酒盈樽。引壶觞以自酌,眄庭柯以怡颜。倚南窗以寄傲,审容膝之易安。园日涉以成趣,门虽设而常关。策扶老以流憩,时矫首而遐观。云无心以出岫,鸟倦飞而知还。景翳翳以将入,抚孤松而盘桓。

二、将以下素材按要求排版

1.将正文字体设置为"楷体",字号设置为"五号"。

2.将正文内容分成"偏左"的两栏。设置首字下沉,将首字字体设置为"黑体",下沉行数为"2"。

3.插入一幅剪贴画,将环绕方式设置为"紧密型"。

【素材】

激清音以感余,愿接膝以交言。欲自往以结誓,惧冒礼之为愆;待凤鸟以致辞,恐他人之我先。意惶惑而靡宁,魂须臾而九迁:愿在衣而为领,承华首之余芳;悲罗襟之宵离,怨秋夜之未央!愿在裳而为带,束窈窕之纤身;嗟温凉之异气,或脱故而服新!愿在发而为泽,刷玄鬓于颓肩;悲佳人之屡沐,从白水而枯煎!愿在眉而为黛,随瞻视以闲扬;悲脂粉之尚鲜,或取毁于华妆!愿在莞而为席,安弱体于三秋;悲文茵之代御,方经年而见求!愿在丝而为履,附素足以周旋;悲行止之有节,空委弃于床前!愿在昼而为影,常依形而西东:悲高树之多荫,慨有时而不同!愿在夜而为烛,照玉容于两楹;悲扶桑之舒光,奄灭景而藏明!愿在竹而为扇,含凄飙于柔握;悲白露之晨零,顾襟袖以缅邈!愿在木而为桐,作膝上之鸣琴;悲乐极而哀来,终推我而辍音!

任务考核

一、单选题

1. Word 编辑状态下,当前文档中的字体全是宋体,若选择一段文字先设定了楷体,又设定黑体,则(　　)。
 A. 文件全文都是楷体
 B. 被选择的内容仍为宋体
 C. 被选择的内容变为黑体
 D. 文档的全部都是黑体

2. 要插入页眉和页脚,首先要切换到哪个视图方式下?(　　)
 A. 阅读版式
 B. 页面
 C. 大纲
 D. Web 版式

3. 在 Word 中,按键盘上的"Delete"键可删除(　　)。
 A. 插入点前面的一个字符
 B. 插入点前面所有的字符
 C. 插入点后面的一个字符
 D. 插入点后面所有的字符

4. 在 Word 编辑状态下,进行字体设置操作后,按新设置的字体显示的文字是(　　)。
 A. 插入点所在段落中的文字
 B. 文档中被选中(呈反色显示)的文字
 C. 插入点所在行中的文字
 D. 文档的全部文字

5. 在 Word 中,可以显示出分节符,但不能显示出页眉和页脚的视图方式是(　　)。
 A. 阅读版式
 B. 页面
 C. 大纲
 D. 全屏显示

6. 在 Word 中,用来复制文字格式和段落格式的最佳工具是(　　)。
 A. 格式菜单
 B. 格式刷
 C. 粘贴
 D. 复制

7. 在 Word 编辑状态下,先打开 test1. docx 文档,再打开 test2. docx 文档,则(　　)。
 A. test1. docx 文档窗口遮盖了 test2. docx 文档窗口
 B. 打开了 test2. docx 文档窗口,test1. docx 文档窗口被关闭
 C. 打开的 test2. docx 文档窗口遮盖了 test1. doxc 文档窗口
 D. 两个窗口并列显示

8. 下列对 Word 中表格的单元格的叙述,正确的是(　　)。
 A. 每一个单元格可看成独立的文档
 B. 在单元格中按回车键,光标会移到下一个单元格
 C. 单元格的大小不受文本的影响
 D. 单元格允许合并和拆分

9. 在 Word 中,删除当前所有选定文本并将其放在剪贴板上的快捷键是(　　)。
 A. Ctrl + C
 B. Ctrl + V
 C. Ctrl + Z
 D. Ctrl + X

10. 下列不能用 Word 打开的文件类型是(　　)。
 A. . docx
 B. . rtf
 C. . dotx
 D. . EXE

11. 在 Word 中,不缩进段落的第一行,而缩进其余的行,是指(　　)。

A. 首行缩进　　　　B. 左缩进　　　　C. 悬挂缩进　　　　D. 右缩进

12. 在 Word 中,如果插入点在表格中某行的最后一个单元格,按回车键后(　　　)。

A. 插入点所在行加宽　　　　　　　　B. 插入点所在列加宽

C. 在插入点所在行下增加一行　　　　D. 对表格不起作用

13. 在 Word 中,关于图片的环绕方式,以下哪项不在其中? (　　　)

A. 四周型环绕　　　　　　　　　　　B. 紧密型环绕

C. 嵌入型环绕　　　　　　　　　　　D. 左右型环绕

14. 在 Word 中,欲选定文本中的一个矩形区域,应在拖曳标前,按(　　　)键不放。

A. Ctrl　　　　B. Alt　　　　C. Shift　　　　D. 空格

15. 在查找和替换功能中,以下(　　　)是可以用查找功能查找的。

A. 图片　　　　B. 文本　　　　C. 标尺　　　　D. 网络线

16. 在 Word 编辑状态下,当前输入的文字显示在(　　　)。

A. 鼠标处　　　　B. 插入点处　　　　C. 文件尾部　　　　D. 当前行尾

17. 中文 Word 编辑软件运行环境是(　　　)。

A. Dos　　　　B. Wps　　　　C. Windows　　　　D. 高级语言

18. 段落的标记是在输入什么之后产生的? (　　　)

A. 句号　　　　B. "Enter"　　　　C. "Shift + Enter"　　　　D. 分页符

19. 在 Word 编辑状态下,若要调整左右边界,比较直接、快捷的方法是(　　　)。

A. 工具栏　　　　B. 格式栏　　　　C. 菜单　　　　D. 标尺

20. Word 2010 文档文件的扩展名是(　　　)。

A. . txt　　　　B. . docx　　　　C. . wps　　　　D. . blp

21. 在 Word 编辑状态下,文档中有一行被选择,当按"Delete"键后(　　　)。

A. 删除了插入点所在的行　　　　　　B. 删除了被选择的一行

C. 删除了被选择行及其后的内容　　　D. 删除了插入点及其之前的内容

22. 将在 Windows 的其他软件环境中制作的图片复制到当前 Word 文档中,下述说法正确的是(　　　)。

A. 不能将其他软件中制作的图片复制到当前 Word 文档中

B. 可以通过剪贴板将其他软件的图片复制到当前 Word 文档中

C. 先在屏幕上显示要复制的图片,打开 Word 文档时便可使图片复制到文档中

D. 先打开 Word 文档,然后直接在 Word 环境下显示要复制的图片

23. 在 Word 文档中,每个段落都有自己的段落标记,段落标记的位置在(　　　)。

A. 段落的首部　　　　　　　　　　　B. 段落的结尾处

C. 段落的中间位置　　　　　　　　　D. 段落中,但是用户找不到的位置

24. Word 具有分栏功能,下列关于分栏的说法中正确的是(　　　)。

A. 最多可以设 4 栏　　　　　　　　　B. 各栏的宽度必须相同

C. 各栏的宽度可以不同　　　　　　　D. 各栏之间的距离是固定的

25. 下列方式中,可以显示出页眉和页脚的是(　　　)。

A. 普通视图　　　　　　　　　　　B. 页面视图

C. 大纲视图　　　　　　　　　　　D. 全屏幕视图

26. 下列菜单中,含有设定字体的命令是(　　　)。

A. 编辑　　　　　　B. 格式　　　　　　C. 工具　　　　　　D. 视图

27. 将文档中一部分文本内容复制到其他地方,先要进行的操作是(　　　)。

A. 粘贴　　　　　　B. 复制　　　　　　C. 选择　　　　　　D. 剪切

28. 若要将一些文本内容设置为斜体字,则选择后(　　　)。

A. 单击"B"按钮　　　　　　　　　B. 单击"U"按钮

C. 单击"I"按钮　　　　　　　　　D. 单击"A"按钮

29. 打开 Word 文档一般是指(　　　)。

A. 从内存中读文档的内容,并显示出来

B. 为指定文件开设一个新的、空的文档窗口

C. 把文档的内容从磁盘调入内存,并显示出来

D. 显示并打印出指定文档的内容

30. "文件"下拉菜单底部所显示的文件名是(　　　)。

A. 正在使用的文件名　　　　　　　B. 正在打印的文件名

C. 扩展名为. DOC 的文件名　　　　D. 最近被 Word 处理的文件名

31. 在 Word 中,如果用户需要取消刚才的输入,则可在编辑菜单中选择"撤销"选项;在撤销后若要重做刚才的操作,可在编辑菜单中选择"重做"选项。这两个操作的组合键分别是(　　　)。

A. "Ctrl + T"和"Ctrl + I"　　　　　　B. "Ctrl + Z"和"Ctrl + Y"

C. "Ctrl + Z"和"Ctrl + I"　　　　　　D. "Ctrl + T"和"Ctrl + Y"

32. 当前插入点的表格中某行的最后一个单元格内,单击"Enter"键后,可以使(　　　)。

A. 插入点所在的行加宽　　　　　　B. 插入点所在的列加宽

C. 插入点下一行增加一行　　　　　D. 对表格不起作用

33. 若 Word 正处于打印预览状态,要打印文件,则(　　　)。

A. 必须退出预览状态后才可以打印　　B. 在打印预览状态也可以直接打印

C. 在打印预览状态不能打印　　　　　D. 只能在打印预览状态打印

34. 对于 Word 表格操作,不正确的说法是(　　　)。

A. 单元格可以拆分　　　　　　　　B. 单元格可以合并

C. 只能制作规则表格　　　　　　　D. 可以制作不规则表格

二、判断题

1. Word 中,重复打印一份文档时,可以通过设置打印份数一次性打印多份。　　(　　　)

2. Word 中,表格中的行列可以随意添加或调整。 （ ）

3. 在 Word 中,设置段落格式为"左缩进 2 字符"同"首行缩进 2 字符"的效果一致。

（ ）

4. 用 Word 编辑文档时,输入的内容满一行必须按"Enter"键开始下一行。 （ ）

5. 在 Word 中,段落的首行缩进就是指段落的第一行向里缩进一定的距离。 （ ）

6. 在 Word 编辑状态下,可以从当前输入汉字状态切换到输入英文字符状态的组合键是"Ctrl + 空格键"。 （ ）

7. 在 Word 中,可以同时打开多个文档,但只有一个文档窗口是当前活动窗口。 （ ）

8. Word 具有分栏功能,各栏的宽度可以不同。 （ ）

9. Word 编辑软件的环境是 DOS。 （ ）

10. 利用 Word 录入和编辑文档之前,必须首先指定所编辑的文档的文件名。 （ ）

11. 文档存盘后自动退出 Word。 （ ）

12. Word 中图文框中可以同时放入图片和文字。 （ ）

13. Word 中一个段落可以设置为既是居中又是两端对齐。 （ ）

14. 使用中文 Word 编辑文档时,要显示页眉页脚内容,应采用普通视图方式。 （ ）

15. 中文 Word 中不能对文档内容进行分栏排版。 （ ）

16. 中文 Word 中,只能用工具栏上的快捷按钮来完成对文档的编排。 （ ）

17. 中文 Word 对文字的格式设置等编辑都必须先选定后操作。 （ ）

18. 在中文 Word 的文字录入之前就应该设置好字形、字号、颜色等格式,因为录入完毕之后,便无法再改动了。 （ ）

19. Word 中的工具栏,只能固定出现在 Word 窗口的上方。 （ ）

三、填空题

1. Word 文档中的段落标记是在按下键盘上的_____键之后产生的。

2. 在 Word 中,将文档中的某段文字误删除之后,可_____快捷键恢复到删除前的状态。

3. _____对话框提供了设置段落格式的最全面的方式。

4. _____对话框提供了设置字体格式的最全面的方式。

5. 在 Word 中,编辑页眉、页脚时,应选择_____视图方式。

6. 在 Word 中,要插入一些特殊符号使用_____菜单下的"符号"命令。

7. 在 Word 中,模板文件的扩展名是_____。

8. 在 Word 的编辑状态,使插入点快速移到行首的快捷键是_____。

第四章 电子表格软件 Excel 2010 的应用

Microsoft Excel 2010 是 Microsoft 公司出品的 Microsoft Office 2010 中的一员,是目前市场上基于 Windows 环境下的功能强大的电子表格制作软件。Microsoft Excel 具有直观的表格数据编辑和计算,丰富的统计图形显示和数据分析管理功能,在日常办公数据管理、财务管理、统计、金融投资、经济分析和规划决策等多方面有着广泛的应用。它与 Word 2010、PowerPoint 2010、Access 2010 等组件一起,组成了 Microsoft Office 2010 办公软件的完整体系。通过本章的学习可以掌握 Excel 2010 的一些基本知识和数据分析管理功能,满足日常办公的需要。

知识目标

◆ 了解 Excel 2010 的基本概念。
◆ 掌握启动和退出 Excel 2010 的基本操作。
◆ 掌握工作簿、工作表、单元格的基本操作。
◆ 掌握对工作表数据管理的基本操作。
◆ 掌握对工作表数据分析的基本操作。
◆ 掌握用工作表数据制作图表的基本操作。

技能目标

◆ 会创建工作表。
◆ 会对工作表进行编辑和排版。
◆ 会运用公式与函数进行数据计算。
◆ 会排序、筛选、分类汇总等数据操作。
◆ 会创建和编辑图表。

任务一　制作公司员工绩效考核评分表

一、任务描述

小明大三毕业时成功面试进入一家公司实习,公司暂时安排小明做一些公司信息资料的收集与整理工作。公司员工绩效考核评分表之前都是以纸质的表格存档,不便于管理。由于 Excel 软件在数据管理与分析方面有非常强大的功能,公司负责人希望小明将公司所有纸质的员工绩效考核评分表数据录入计算机,利用 Excel 电子表格软件来管理。如果你是小明,在接到这项任务后,你该如何操作? 下面将介绍如何利用 Excel 2010 电子表格软件制作如图 4-1 所示的"公司员工绩效考核评分表"的方法。

图 4-1　"公司员工绩效考核评分表"制作效果

二、任务准备

在制作公司员工绩效考核评分表之前,先学习 Excel 2010 电子表格软件的一些基础知识,为任务作好准备。下面主要介绍 Excel 2010 的启动、退出、窗口组成、工作簿、工作表、单元格以及数据输入等知识。

1. 启动和退出 Excel 2010

(1)启动 Excel 2010
● 鼠标左键双击桌面上的 Excel 2010 快捷方式图标。

● 选择开始菜单中的"所有程序"→"Microsoft Office"→"Microsoft Excel 2010"命令即可,如图4-2 所示。

图 4-2　在"开始"菜单中打开 Microsoft Excel 2010

● 直接双击已存在的 Excel 工作簿文件图标。

(2)Excel 2010 的窗口组成

Excel 2010 启动成功后就可以看到如图 4-3 所示的窗口界面。

图 4-3　Excel 2010 窗口界面

(3)退出 Excel 2010

● 在 Excel 2010 窗口中选择"文件"选项卡,选择"退出"命令即可。

● 单击 Excel 2010 窗口右上角的"关闭"按钮即可。

● 按"Alt + F4"键,可以快速关闭窗口,并退出应用程序。

2. Excel 2010 的基本概念

（1）工作簿

工作簿是 Excel 2010 环境中用来处理和存储数据的文件,其扩展名为".xlsx"。启动 Excel 2010,程序会自动创建一个工作簿,创建的第 1 个工作簿文件的名字默认为"工作簿1",之后 Excel 将自动按"工作簿 2""工作簿 3"……的默认顺序为新工作簿命名。

（2）工作表

在一个工作簿中最多可以有 255 个工作表。每个工作簿默认有 3 个工作表,分别以 Sheet1、Sheet2、Sheet3 来命名。工作表的名字标签位于工作簿窗口的左下角,标签为白色的表示当前工作表。

工作表是一张电子表格,用来管理和分析数据。Excel 2010 的每张工作表由 16 384 列和 1 048 576 行构成。行的编号由上到下从"1"到"1 048 576"编号;列的编号由左到右,用字母从"A"到"XFD"编号。

（3）单元格

在工作表中行与列相交形成单元格,它是存储数据的基本单位,这些数据可以是字符串、数字、公式等。在工作表中,每一个单元格都有自己唯一的名称,也称为单元格地址。单元格的名称由单元格所在的列标和行号组成,列标在前,行号在后。例如,A1 表示第 A 列第 1 行的单元格。

用鼠标单击一个单元格,即可使其成为活动单元格,活动单元格的名称会在编辑栏的名称框中显示,用户可通过单元格名称来引用单元格中的数据。为了区分工作簿中不同工作表的单元格,可在单元格名称前增加工作表名称,工作表与单元格名称之间用"!"分开。例如 Sheet2!B3,表示该单元格是"Sheet2"工作表中的"B3"单元格。

3. 工作簿的操作

（1）新建工作簿

启动 Excel 2010 后,程序会默认创建一个工作簿。除此之外,还可通过选择"文件"选项卡,选择"新建"命令,双击"可用模板"选项组中的"空白工作簿"图标来新建空白工作簿。创建新工作簿后,Excel 将自动按工作簿 1、工作簿 2、工作簿 3……的默认顺序为新工作簿命名。

（2）打开工作簿

常用以下几种方法打开工作簿文件。

● 选择"文件"→"打开"命令,如图 4-4 所示,在弹出的"打开"对话框中选择要打开的工作簿文件,然后单击"打开"按钮即可。

● 单击工具栏中的"打开"按钮 ,在弹出的"打开"对话框中选择要打开的工作簿文件,然后单击"打开"按钮即可。

● 按"Ctrl + O"键,在弹出的"打开"对话框中选择要打开的工作簿文件,然后单击"打开"按钮即可。

图 4-4 文件选项卡

（3）保存工作簿

●选择"文件"选项卡,选择"保存"或"另存为"命令,在弹出的"另存为"对话框中选择保存位置和保存类型并输入文件名,然后单击"保存"按钮即可。

●单击标题栏中的"保存"按钮 ![save]，在弹出的"另存为"对话框中选择保存位置和保存类型并输入文件名,然后单击"保存"按钮即可。

●按"Ctrl + S"键,在弹出的"另存为"对话框中选择保存位置和保存类型并输入文件名,然后单击"保存"按钮即可。

注意

　　选择"另存为"命令每次均会弹出"另存为"对话框,其他方法只有新建工作簿第一次保存才会弹出"另存为"对话框。

（4）关闭工作簿

对于不再使用的工作簿可以将其关闭,以节约内存空间。

●选择"文件"选项卡,选择"关闭"命令即可。

●单击工作簿窗口右上角的"关闭窗口"按钮 ![close] 即可。

注意

　　"关闭"命令是只关闭当前工作簿窗口,"退出"命令是退出 Excel 应用程序窗口并同时关闭打开的工作簿窗口。

4.工作表的操作

（1）插入工作表

除了新建工作簿默认的 3 张工作表之外,还可在工作簿中根据需要插入新的工作表。

●鼠标右键单击某一工作表标签,在弹出的快捷菜单中选择"插入"命令,如图 4-5 所示。然后在弹出的"插入"对话框中选择"工作表"图标,如图 4-6 所示。最后单击"确定"按钮,即可在该工作表标签的左侧插入一个空白工作表。

图 4-5　"插入"工作表命令　　　　图 4-6　"插入"工作表对话框

●单击工作表标签右侧的"插入工作表"按钮 ![insert]，即可在所有工作表标签的右侧,插入一个空白工作表。

●单击窗口左上角的"开始"选项卡,在"单元格"选项组中单击"插入"下拉按钮,从弹出的下拉列表中选择"插入工作表"命令,即可在当前工作表标签的左侧插入一个空白工作表。

(2)删除工作表

● 鼠标右键单击欲删除的工作表标签,从弹出的快捷菜单中选择"删除"命令,即可将该工作表删除。

● 单击窗口左上角的"开始"选项卡,在"单元格"选项组中单击"删除"下拉按钮,在弹出的下拉列表中选择"删除工作表"命令,即可删除活动工作表。

(3)重命名工作表

如果用户希望修改指定工作表的名称,则可以重命名工作表。

● 鼠标右键单击欲重命名的工作表标签,在弹出的快捷菜单中选择"重命名"命令,然后输入新的名称后按回车键即可,如图4-7所示。

图4-7　重命名工作表

● 鼠标左键双击欲重命名的工作表标签,然后输入新的工作表名称后按回车键即可。

(4)选定工作表

用鼠标左键单击工作表标签即可选定一个工作表。如果希望对多个工作表同时进行相同的设置,则可同时选定多个工作表。当同时选中多个工作表时,在标题栏中工作簿文件名后将出现"[工作组]"字样。要同时选定多个工作表,则可使用如下方法:

● 若要选定工作簿中一组不连续的工作表,则用鼠标左键单击第一个工作表的标签,然后按住"Ctrl"键不放,再分别用鼠标左键单击要选定的工作表标签,最后松开"Ctrl"键即可。

● 若要选定工作簿中一组连续的工作表,则用鼠标左键单击欲选中的第一个工作表的标签,按住"Shift"键不放,再单击最后一个工作表标签,最后松开"Shift"键即可。

● 若要选定工作簿中的所有工作表,则用鼠标右键单击任意一个工作表标签,然后从弹出的快捷菜单中选择"选定全部工作表"命令。

要取消对工作表的选定,只需用鼠标左键单击任意一个未选定的工作表标签或鼠标右键单击工作表标签,从弹出的快捷菜单中选择"取消组合工作表"命令即可。

(5)移动或复制工作表

在Excel中可以实现在同一个工作簿内或不同工作簿间移动和复制工作表。

如果要移动工作表,则在欲移动的工作表标签上按住鼠标左键不放向左或向右拖动鼠标,当鼠标指向目标位置时松开鼠标左键,即可移动工作表。如果复制工作表,则按住"Ctrl"键不放,并按住鼠标左键不放向左或向右拖动鼠标,当鼠标指向目标位置时松开鼠标左键,即可复制工作表。

在欲移动或复制的工作表标签上单击鼠标右键,在弹出的快捷菜单中选择"移动或复制"命令,如图4-8所示。弹出"移动或复制工作表"对话框,如图4-9所示,在"工作簿"下拉列表框中选择目标工作簿,在"下列选定工作表之前"列表框中选择一个工作表。默认是移动工作表,如果需要复制工作表,则选中"建立副本"复选框,最后单击"确定"按钮即可。

图 4-8　选择"移动或复制"　　　图 4-9　"移动或复制工作表"对话框

(6)隐藏或显示工作表

隐藏工作表能将暂时不想看到的工作表不显示,当需要该工作表时再将其显示出来。

● 鼠标右键单击欲隐藏的工作表标签,从弹出的快捷菜单中选择"隐藏"命令,即可将选择的工作表隐藏起来。

● 选中要隐藏的工作表标签,单击窗口左上角的"开始"选项卡,在"单元格"选项组中单击"格式"下拉按钮,从弹出的下拉列表中选择"隐藏和取消隐藏",在弹出的下级菜单中选择"隐藏工作表"命令即可,如图 4-10 所示。

如果要显示工作表,则需取消工作表的隐藏,用鼠标右键单击工作表标签,在弹出的快捷菜单中选择"取消隐藏"命令,在弹出"取消隐藏"对话框中选择要取消隐藏的工作表,最后单击"确定"按钮即可显示相应的工作表。

5.单元格的操作

(1)单元格的选择

如果要对单元格进行编辑必须首先选择单元格。

①选择一个单元格

● 鼠标左键单击工作表中任意一个欲选择的单元格,即可将其选中。

图 4-10　隐藏工作表

● 在名称框中输入单元格名称,如输入"C6",按回车键即可将 C6 单元格选中,如图4-11所示。

图 4-11　选择单元格

●单击窗口左上角的"开始"选项卡,在"编辑"选项组中单击"查找和选择"下拉按钮,从弹出的下拉列表中选择"转到"命令,如图 4-12 所示。弹出"定位"对话框,在"引用位置"输入框中输入单元格名称,如图 4-13 所示,然后再单击"确定"按钮即可。

图 4-12　选择"转到"命令　　　　图 4-13　"定位"对话框

②选择多个单元格

●选择连续的多个单元格:单击欲选择的连续单元格区域左上角的单元格,当鼠标指针为白色十字形指针时,按住鼠标左键不放拖动至单元格区域右下角的单元格,松开鼠标左键即可选择连续单元格区域。

●选择不连续的多个单元格:先单击第一个欲选择的单元格,再按住"Ctrl"键不放,用鼠标左键依次单击其他欲选择的单元格,选择完成后松开鼠标左键的同时放开"Ctrl"键即可。

●选择全部单元格:单击工作表中的任意单元格,然后按"Ctrl + A"键即可,或单击工作表左上角行标签和列标签交接处的"全选"按钮即可。

(2)单元格的编辑

单元格常用的编辑操作有插入、删除、移动、复制、调整单元格大小等。

①插入单元格、行或列

● 鼠标右键单击某一单元格,从弹出的快捷菜单中选择"插入"命令,在弹出的"插入"对话框中选择插入方式即可,如图 4-14 所示。如果选择的是"整行",则在选中单元格的上方插入一行;如果选择的是"整列",则在选中单元格的左侧插入一列。

图 4-14　"插入"对话框　　　　　图 4-15　单击"插入"工作按钮

● 选中某一单元格,单击窗口左上角的"开始"选项卡,在"单元格"选项组中单击"插入"下拉按钮,从弹出的下拉列表中选择相应的插入方式即可,如图 4-15 所示。

● 如果欲插入整行或整列,还可以在相应的行标签或列标签上单击鼠标右键,在弹出的快捷菜单中选择"插入"命令,即可在选中行的上方插入一行或选中列的左侧插入一列。

②删除单元格、行或列。

● 选中欲删除的单元格,在选中区域上单击鼠标右键,从弹出的快捷菜单中选择"删除"命令,在弹出的"删除"对话框中选择相应的删除方式即可,如图 4-16 所示。如果选择的是"整行",则选中单元格区域所在的整行被删除;如果选择的是"整列",则选中单元格区域所在的整列被删除。

图 4-16　"删除"对话框　　　　　图 4-17　单击"删除"下拉按钮

● 选中欲删除的单元格,单击窗口左上角的"开始"选项卡,在"单元格"选项组中单击"删除"下拉按钮,从弹出的下拉列表中选择相应的删除方式即可,如图 4-17 所示。

● 如果欲删除整行或整列,还可在相应的行标签或列标签上单击鼠标右键,在弹出的快捷菜单中选择"删除"命名即可删除选中的行或列。

③移动或复制单元格数据

● 首先选择所要移动或复制数据的单元格,然后将鼠标指针移动到选中单元格区域的边框位置,当鼠标指针变成十字形箭头时,按下鼠标左键不放拖动鼠标到目标位置即可完成移动操作。如果在拖动鼠标的同时按下"Ctrl"键不放,则可实现复制操作。

● 首先选择所要移动或复制数据的单元格,按"Ctrl + X"键,鼠标单击目标单元格,按"Ctrl + V"键即可实现移动操作。如果把"Ctrl + X"换成"Ctrl + C",则可实现复制操作。

④行高和列宽调整

当系统默认的行高和列宽不能满足需要时,用户可调整行高和列宽。

● 修改行高

方法1:选中欲修改行高的单元格,单击窗口左上角的"开始"选项卡,在"单元格"选项组中单击"格式"下拉按钮,从弹出的下拉列表中选择"行高"命令,如图4-18所示。在弹出的"行高"对话框中输入行高值,如图4-19所示,单击"确定"按钮即可。

图4-18　选择"行高"命令　　　图4-19　"行高"对话框

方法2:鼠标指针指向欲修改行高的行标签交界处,当鼠标指针变成上下双向箭头时,按下鼠标左键不放,上下拖动鼠标即可改变行高。

● 修改列宽

方法1:选中欲修改列宽的单元格,单击窗口左上角的"开始"选项卡,在"单元格"选项组中单击"格式"下拉按钮,从弹出的下拉列表中选择"列宽"命令。在弹出的"列宽"对话框中输入列宽值,如图4-20所示,单击"确定"按钮即可。

图4-20　"列宽"对话框　　　方法2:鼠标指针指向欲修改列宽的列标签交界处,当鼠标指针变成左右双向箭头时,按下鼠标左键不放,左右拖动鼠标即可改变列宽。

6.数据的输入与编辑

在Excel 2010中,可在单元格内输入数字、文本、日期和时间、逻辑等类型的数据。数据输入可以通过手工录入,也可以根据设置自动输入。

（1）数字

Excel 的主要功能之一就是对数字数据进行处理,在日常操作中会经常在 Excel 单元格中输入大量的数字内容。在 Excel 中,数值型数据是由数字 0～9、正号、负号、小数点、分数号"/"、百分号"%"、指数符号"E"或"e"、货币符号"¥"或"$"、千位分隔号","等组成。数值型数据会自动单元格右对齐。

如果是分数(如1/2),应先输入"0"和一个空格,然后输入"1/2",如输入"0 1/2";否则 Excel 会把该数据当作日期格式处理,存储为"1 月 2 日"。

输入负数有两种方式:一种是直接输入负号和数,如输入"-5";另一种是输入括号和数,如输入"(5)",最终两者效果相同。

输入百分数时,先输入数字,再输入百分号即可,如输入"10%"。

当用户输入的数值过长超出单元格宽度时,会产生两种结果,当单元格数字格式为常规格式时会自动采用科学记数法来显示。例如,输入"123456789",由于列宽不够,则显示为 1.2E+08,表示 1.2 乘以 10 的正 8 次方的一个数。如果输入的数据无法完整显示时,则显示为"####",可以通过增加列宽使数据完整显示。

（2）文本

在 Excel 中输入的非纯数字字符数据,默认是文本数据。

选中欲输入数据的单元格,然后输入数据,最后按"Enter"键确认即可。如果输入以 0 开头的数字字符,需要先切换到英文输入法,在单元格中先输入一个单引号,再输入以 0 开头的字符即可。例如,要显示"005",则应输入"'005"。如果要使某单元格内数据强制换行,则用鼠标左键双击该单元格,将插入点定位到要换行的位置,然后按"Alt + Enter"键即可。

（3）日期时间

输入日期时,一般使用"/"或"-"字符来分隔日期的年、月、日。年份通常用两位数来表示,如果输入时省略了年份,则 Excel 2010 会以当前的年份作为默认值。输入时间时,可以使用":"字符来将时、分、秒隔开。

如果要输入当天的日期,按"Ctrl + ;"键;如果要输入当前的时间,按"Ctrl + Shift + ;"键。用户可以使用 12 小时制或者 24 小时制来显示时间。如果使用 12 小时制格式,则在时间后加上一个空格,然后输入 AM(表示上午)、PM(表示下午);如果使用 24 小时制格式,则不必使用 AM 或者 PM。

（4）逻辑

Excel 中的逻辑值只有两个:True(逻辑真)和 False(逻辑假)。Excel 公式中的关系表达式的值为逻辑值。例如,在单元格中输入 =1 > 2 后按回车键,结果显示为逻辑值 False,表示 1 大于 2 这个关系不成立。

（5）自动填充序列

在输入数据的过程中,经常要输入连续或有规律的日期、数字或文本。例如,要在相邻的单元格中输入序列 1,2,3…,或者输入序列 001、002、003…,这时就可以利用 Excel 提供的序列自动填充功能来快速输入数据,具体操作方法如下:

①在要进行序列填充区域的第一个单元格中输入序列中的第一个值,如输入"1",然后将鼠标指针移至该单元格右下角填充柄,先按住"Ctrl"键不放,当鼠标指针变成黑色双十字形时,如图 4-21 所示;再按住鼠标左键不放,向下或向右拖动到相应的位置;最后依次松开鼠标左键和"Ctrl"键,Excel 将自动完成该区域的填充工作。如果输入的初始值为文本型数据(如 001),则直接用鼠标拖动单元格右下角的填充柄,即可完成序列填充。

②如果要填充等差序列,如 1,3,5,7…,可以首先在填充区域的第 1 个单元格中输入序列中的第 1 个值,在相邻的右方或下方单元格输入第 2 个值;然后选中这两个单元格,将鼠标指针移至该选中区域右下角填充柄,当鼠标指针变成黑色十字形时,如图 4-22 所示,再按住鼠标左键不放,向下或向右拖动到相应的位置;最后松开鼠标左键,Excel 2010 将自动完成该区域的填充工作。

图 4-21　在填充柄处按住鼠标左键　　　图 4-22　按住鼠标左键拖曳填充

③如果要填充等比序列,可以首先在填充区域的第 1 个单元格中输入序列中的第 1 个值,在相邻的右方或下方单元格输入第 2 个值,然后选中这两个单元格,将鼠标指针移至该选中区域右下角填充柄;当鼠标指针变成黑色十字形时,再按住鼠标右键不放,向下或向右拖动到相应的位置;最后松开鼠标右键,在弹出的快捷菜单中选择"等比序列"命令,如图 4-23 所示,Excel 将自动完成该区域的填充工作,如图 4-24 所示。

图 4-23　选择"等比序列"命令　　　图 4-24　拖曳填充等比序列

三、任务实施

1.录入数据

按照如图 4-25 所示的布局录入公司员工绩效考核评分表数据。

图 4-25　公司员工绩效考核评分表

①在第一行 A1 单元格中输入标题"公司员工绩效考核评分表"。

②在第二行中依次输入工号、姓名等标题。

③采用自动填充序列方式输入工号:001,002,003…首先在 A3 单元格中输入"'001"后按回车键,然后将鼠标移到 A3 单元格右下角,当出现黑色十字形填充句柄时,按下鼠标左键不放,用鼠标向下拖动至 A12 单元格后松开鼠标左键,即可完成序列填充。

④可直接在单元格中输入姓名:张华、李强等,也可以采用自定义序列输入姓名。Excel 2010 中可根据需要设置自定义序列,以便更加快捷地填充经常使用的序列。采用自定义序列输入姓名的步骤如下:

a.选择"文件"选项卡,从弹出的菜单中选择"选项"命令,如图 4-26 所示。弹出"Excel选项"对话框,在左侧选择"高级"选项,然后在右侧单击"编辑自定义列表"按钮,如图 4-27所示。

b.弹出"自定义序列"对话框,在"输入序列"文本框中输入自定义的序列项,如输入员工姓名张华、李强等。在每项末尾按"Enter"键隔开,输入完成后单击"添加"按钮,即可将输入的列表添加到右边的"自定义序列"列表框中,如图 4-28 所示。

c.单击"确定"按钮,返回工作表。在起始单元格 B3 中输入自定义序列的第 1 个数据,如输入"张华",再通过鼠标左键向下拖动单元格右下角的填充柄到单元格 B12 的方法进行填充,松开鼠标后,即可完成自定义序列的填充。

⑤输入性别、部门等其他列的数据。其中输入考核日期数据时,使用"/"或"-"字符来分隔日期的年、月、日,如输入 2016/4/11 或 2016-4-11。

图 4-26　选择"选项"命令　　　　　图 4-27　单击"编辑自定义列表"按钮

图 4-28　添加到"自定义序列"列表框

2. 美化工作表

按照图 4-29 所示的表格格式对公司员工绩效考核评分表进行美化。

在 Excel 2010 中,可以利用"设置单元格格式"对话框,对工作表中的单元格数据进行数字、对齐、字体、边框、填充等格式设置。通过鼠标右键单击欲进行格式设置的单元格区域,在弹出的快捷菜单中选择"设置单元格格式"命令,如图 4-30 所示,即可打开"设置单元格格式"对话框,如图 4-31 所示。

图 4-29　"公司员工绩效考核评分表"效果图

图 4-30　"设置单元格格式"命令　　　　图 4-31　"设置单元格格式"对话框

（1）设置数字格式

首先选中欲进行数字格式化的单元格区域,如选中 F3 到 J12 单元格区域,然后用上述方法打开"设置单元格格式"对话框,在该对话框中选择"数字"选项卡,在"分类"列表框中选择相应的数字格式进行设置。可以通过"数值"选项设置单元格中数据保留的小数位数,如设置所有评分保留 1 位小数,如图 4-32 所示。

也可以用同样的方法进行货币、日期、时间、百分比、分数、文本等多种数字格式的设置。例如,选中 E3 到 E12 区域的单元格,设置其日期格式为中文年月日格式,如图 4-33 和图 4-34 所示。

图 4-32　设置单元格数值格式

图 4-33　选中单元格区域

图 4-34　设置其日期格式

（2）设置文本对齐与控制方式

Excel 2010 在默认的情况下，单元格中的数据是按照数字右对齐、文本左对齐、逻辑值居中对齐的方式来进行的。Excel 2010 允许自由设置单元格数据对齐方式，来满足实际需要。首先选中欲进行文本对齐的单元格区域，然后打开"设置单元格格式"对话框，选择"对齐"选项卡，可根据需要进行如下格式设置。

●"水平对齐"的格式有常规（系统默认的对齐方式）、靠左（缩进）、居中、靠右（缩进）、填充、两端对齐、跨列居中、分散对齐（缩进），如图 4-35 所示，选择水平对齐为"居中"。

●"垂直对齐"的格式有靠上、居中、靠下、两端对齐、分散对齐，如图 4-35 所示，选择垂直对齐为"居中"。

●"文本控制"的格式有自动换行、缩小字体填充、合并单元格。选中"自动换行"复选框后，如果所设置的单元格中的内容宽度大于列宽时，则会自动换行。选中"合并单元格"复选框，则会合并选中的多个单元格；取消"合并单元格"复选框的选中，则会拆分选中的已合并的单元格。

图 4-35　设置单元格中文本对齐方式

例如,要设置标题合并居中对齐,可以首先选中标题要合并的单元格区域 A1 到 M1,如图 4-36 所示,然后设置水平对齐方式为"居中",文本控制为"合并单元格"。

图 4-36　选中单元格区域

(3)设置字体格式

在 Excel 2010 中可根据实际需要通过选择"设置单元格格式"对话框中的"字体"选项卡进行字体、字形、字号、下画线、字体颜色、文字特殊效果等字体格式设置。

(4)设置单元格边框样式

工作表中默认显示的网格线是为管理数据方便而设置的,是不能直接打印输出的。如果需要打印表格边框,则可以在"设置单元格格式"对话框中的"边框"选项卡上进行单元格边框设置。例如,要设置公司员工绩效考核评分表外边框为蓝色双线边框,内边框为红色单线边框。可以先选中要设置边框的单元格区域 A2 到 M12,在"设置单元格格式"对话框中的"边框"选项卡上单击样式中的双线,选择颜色为蓝色,单击"外边框"按钮;然后再选择样式中的单线,选择颜色为红色,单击"内部"按钮;最后单击"确定"按钮即可,如图 4-37 所示。如果要取消边框设置,只需单击"边框"选项卡中的"无"按钮,再单击"确定"按钮即可。

◆计算机应用技术基础◆

图 4-37　设置单元格边框样式

（5）设置单元格背景填充样式

"填充"选项卡,用于设置单元格的背景颜色、背景图案和填充效果。例如,要设置公司员工绩效考核评分表背景为黄色,可以先选中要设置背景的单元格区域 A2 到 M12,在"设置单元格格式"对话框中的"填充"选项卡上选黄色即可,如图 4-38 所示。

图 4-38　单元格背景填充

（6）格式化工作表的其他方法

利用 Excel 2010 窗口上方"开始"选项卡功能区中的各种工具按钮可以对工作表进行快捷的字体、对齐方式、数字、样式等格式设置,如图 4-39 所示。

图 4-39　"开始"选项卡中的各种工具按钮

任务二 公司员工绩效考核评分数据管理

Excel 2010 不仅仅具有丰富的数据编辑功能,还具有强大的数据管理功能,可以非常方便地实现对表格数据的计算、排序和筛选等。

一、任务描述

公司负责人希望小明在已创建好的公司员工绩效考核评分表的基础上,对表中的数据进行统计管理。具体任务如下:

①计算每位员工的绩效考核总分。

②根据员工绩效考核总分设置等级,90 分以上为"优秀",90 分以下为"合格"。

③按总分由高到低的顺序对表格排序,并设置好总分排名。

④可以查看指定部门的员工考核数据。

如果你是小明,你该如何操作?下面将详细介绍一下利用 Excel 2010 电子表格软件对公司员工绩效考核评分数据进行统计管理的方法。最终效果如图 4-40 所示。

图 4-40 公司员工绩效考核评分数据进行统计管理后的效果

二、任务准备

在对"公司员工绩效考核评分表"数据进行统计管理之前,需要先学习 Excel 2010 电子表格软件的常用数据管理功能的操作方法,下面主要介绍 Excel 2010 的公式和函数、数据排序、数据筛选等知识。

1. 公式与函数

公式与函数是 Excel 2010 的重要功能,其作用是实现对工作表中数据的计算。利用公式可以很方便地对工作表中的数据进行加、减、乘、除等运算。

（1）公式

Excel 公式由常量、单元格引用、函数、运算符组成。当设置好公式后，如果改变了公式中所引用的单元格的值，Excel 会自动更新计算结果。输入公式时要以"="开头，其一般形式为"=表达式"，如"=(A1+B1)/2"。公式可以直接在单元格内输入和编辑，也可以在公式编辑框中输入和编辑，输入完后按"Enter"键即可。

（2）运算符

运算符用来对公式中的各数据进行运算，Excel 常用运算符有算术运算符、比较运算符、文本连接符、引用运算符等。

●算术运算符:用于完成基本的数学运算的运算符。包括"+"（加号）、"-"（减号）、"*"（乘号）、"/"（除号）、"%"（百分号）和"^"（乘幂）。

●比较运算符:用于比较两个数值大小，结果为逻辑值 TRUE 或 FALSE。包括"="（等号）、">"（大于号）、"<"（小于号）、">="（大于等于号）、"<="（小于等于号）和"<>"（不等于号）。

●文本连接符:文本连接符"&"把两个或多个文本链接生成一个文本串。

●引用运算符:用于对单元格区域进行引用。引用运算符有":"（冒号）、","（逗号）和空格。其中冒号为区域运算符，用于引用连续区域，例如，A1:A10 表示引用 A1 单元格到 A10 单元格的连续区域。逗号为联合运算符，可以将多个引用合并为一个引用，用于引用不连续单元格区域。例如，A2,B5,D3 表示引用同时引用 A2、B5 和 D3 单元格。空格为交叉运算符，产生对同时属于两个引用的单元格区域的引用，如 B3:E6 D4:F8 是引用 D4:E6 单元格区域。

（3）单元格引用

在 Excel 工作表中每一个单元格都有自己唯一的名称，也称为单元格地址。可以通过单元格名称对工作表中的一个或多个单元格进行引用。通过单元格引用可以告诉 Excel 使用了哪些单元格的值。单元格的引用分为相对引用、绝对引用和混合引用 3 种。

●相对引用:在公式复制过程中所引用的地址会根据目标位置自动发生变化。公式中相对引用的单元格名称格式由单元格所在的列号和行号组成。例如，在 D2 单元格中有公式"=B1+B2"，将该公式复制到 E5 单元格中。由于 B1 和 B2 是相对引用，且 E5 单元格相对 D2 单元格的列增加了 1，行增加了 3，则公式中相对引用的单元格的行号和列号也会发生相应变化，变成"=C4+C5"。

●绝对引用:在公式复制过程中所引用的地址不会根据目标位置发生变化。公式中绝对引用的单元格名称格式由单元格所在的列号和行号组成，并在列号和行号前分别加上绝对引用符"$"。例如，在 D2 单元格中有公式"=$C$3+$D$5"，将该公式复制到 E6 单元格中，由于$C$3 和$D$5 是绝对引用，所以公式不会发生变化，还是"=$C$3+$D$5"。

●混合引用:综合了相对引用和绝对引用的特点，可以让列相对引用，行绝对引用，如 C$3;或者让列绝对引用，行相对引用，如$D4。例如，在 D2 单元格中有公式"=B$1+$B2"，将该公式复制到 E5 单元格中。由于 B$1 和$B2 均是混合引用，且 E5 单元格相对 D2

单元格的列增加了 1,行增加了 3,则公式中只有相对引用的单元格的行号或列号才会发生相应变化,变成"= C $1 + $ B5"。

利用以上 3 种单元格引用的特点,可以在公式计算时利用拖动复制公式的方法提高计算效率。

(4)函数

函数是 Excel 预定义的内置公式。有其特定的格式与用法。

函数的一般形式为:函数名(参数,参数,……)。

在 Excel 中,函数按其功能可分为财务函数、日期时间函数、数学与三角函数、统计函数、查找与引用函数、数据库函数、文本函数、逻辑函数以及信息函数等。常用函数有 SUM、AVERAGE、COUNT、MAX、MIN 等。

①例如,= SUM（A1:A4）是计算 A1 到 A4 连续单元格区域中所有数值的和。

②例如,= AVERAGE(A1:A4) 是计算 A1 到 A4 连续单元格区域中所有数值的算术平均值。

③例如,= COUNT(A1:A4) 是计算 A1 到 A4 连续单元格区域中包含数字的单元格的个数。

④例如,= MAX(A1:A4) 是计算 A1 到 A4 连续单元格区域中数值的最大值。

⑤例如,= MIN(A1:A4) 是计算 A1 到 A4 连续单元格区域中数值的最小值。

2. 排序

为了按照一定的顺序来显示或打印数据,可根据数据中的相应列的数值对数据行进行排序。Excel 可根据一列或多列的内容按升序(由小到大)或降序(由大到小)对数据排序。

3. 筛选

数据筛选是在工作表的大量数据中显示满足条件的数据,隐藏不满足条件的数据。筛选分为自动筛选和高级筛选。

三、任务实施

1. 使用公式和函数

(1)使用公式计算每位员工的绩效考核总分

首先选中 K3 单元格,输入公式"= F3 + G3 + H3 + I3 + J3",如图 4- 41 所示,输完后按"Enter"键即可完成员工张华的绩效考核总分的计算。如果希望继续计算其他员工的绩效考核总分,则将鼠标移到 K3 单元格右下角的选取句柄,当鼠标指针变成黑色十字形时,按下鼠标左键不放向下拖动鼠标到 K12 单元格,松开鼠标左键即可完成所有员工绩效考核总分的计算。

	剪贴板			字体		对齐方式		数字		样式		单元格

NTIFS ▾ × ✓ fx =F3+G3+H3+I3+J3

公司员工绩效考核评分表

工号	姓名	性别	部门	考核日期	工作业绩(50分)	知识技能(10分)	学习能力(10分)	沟通合作(10分)	工作态度(20分)	总分	排名	等级
001	张华	男	销售	2016年4月11日	45.0	8.0	7.5	8.5	18.0	=F3+G3+H3+I3+J3		
002	李强	男	销售	2016年4月11日	47.0	7.5	8.0	8.5	17.0			
003	王新	男	采购	2016年4月12日	40.0	7.5	8.5	8.0	18.0			
004	周海	男	研发	2016年4月12日	48.0	8.5	8.0	8.5	19.0			

图 4-41　输入公式计算总分

（2）使用函数计算每位员工的绩效考核总分

①首先选中 K3 单元格,输入" =SUM(F3:J3)",如图 4-42 所示,输完后按"Enter"键即可完成员工张华的绩效考核总分的计算。如果希望继续计算其他员工的绩效考核总分,则将鼠标移到 K3 单元格右下角的选取句柄,当鼠标指针变成黑色十字形时,按下鼠标左键不放向下拖动鼠标到 K12 单元格,松开鼠标左键即可完成所有员工绩效考核总分的计算。

	剪贴板			字体		对齐方式		数字		样式		单元格

NTIFS ▾ × ✓ fx =SUM(F3:J3)

公司员工绩效考核评分表

工号	姓名	性别	部门	考核日期	工作业绩(50分)	知识技能(10分)	学习能力(10分)	沟通合作(10分)	工作态度(20分)	总分	排名	等级
001	张华	男	销售	2016年4月11日	45.0	8.0	7.5	8.5	18.0	=SUM(F3:J3)		
002	李强	男	销售	2016年4月11日	47.0	7.5	8.0	8.5	17.0	SUM(number1, [num		
003	王新	男	采购	2016年4月12日	40.0	7.5	8.5	8.0	18.0			

图 4-42　输入函数计算总分

②首先选中 K3 单元格,鼠标单击编辑栏上的"插入函数"按钮,如图 4-43 所示,在弹出的"插入函数"对话框中选择求和函数 SUM,如图 4-44 所示;然后单击"确定"按钮,在弹出的"函数参数"对话框中输入求和数据所在单元格区域的引用 F3:J3,或者直接在工作表中拖动鼠标选中求和数据所在单元格区域,使其被虚线框住,如图 4-45 所示;最后单击"确定"按钮即可完成该员工张华的绩效考核总分的计算。之后的操作可以参考步骤一进行设置即可。

搜索函数(S):

请输入一条简短说明来描述您想做什么,然后单击"转到"　　转到(G)

或选择类别(C): 常用函数

选择函数(N):

SUM
AVERAGE
IF
HYPERLINK
COUNT
MAX
SIN

SUM(number1, number2, ...)
计算单元格区域中所有数值的和

有关该函数的帮助　　　　　　　　　　确定　　取消

	剪贴板				

F2 ▾ fx

	A	B	C	D
1	姓名	性别	基本工资	奖金
2	刘惠民	M	315.32	253.00
3	李宁宁	F	285.12	230.00

图 4-43　"输入函数"按钮　　　　**图 4-44　选择所需函数**

③首先选中 K3 单元格,鼠标单击窗口上方的"公式"选项卡,在"函数库"选项组中单击左边的"插入函数"按钮,如图 4-46 所示,之后的操作可以参考步骤进行设置即可。

④首先选中 K3 单元格,鼠标单击窗口上方的"公式"选项卡,在"函数库"选项组中单击左边的"自动求和"下拉按钮,在弹出的菜单中选择"求和"命令,如图 4-47 所示,即可在 K3 单元格中插入对应的求和函数,最后按"Enter"键即可。之后的操作可以参考步骤进行设置即可。

图 4-45　设置"函数参数"对话框

图 4-46　单击"插入函数"按钮

图 4-47　单击"自动求和"下拉按钮

(3)使用函数计算每位员工的绩效考核等级

首先选中 M3 单元格,鼠标单击编辑栏上的"插入函数"按钮,在弹出的"插入函数"对话框中选择判断函数 if,如图 4-48 所示;然后单击"确定"按钮,在弹出的"函数参数"对话框中按如图 4-49 所示的形式输入;最后单击"确定"按钮即可完成员工张华的绩效考核等级的计算。如果希望继续计算其他员工的绩效考核等级,则将鼠标移到 M3 单元格右下角的选取句柄,当鼠标指针变成黑色十字形时,按下鼠标左键不放向下拖动鼠标到 M12 单元格,松开鼠标左键即可完成所有员工绩效考核等级的计算。

图 4-48 选择判断函数 if

图 4-49 "函数参数"对话框中输入参数

2. 使用排序

按总分由高到低的顺序对表格排序,并设置好总分排名。

①首先在总分列中选中任一单元格,如选中 K3 单元格;然后鼠标单击窗口上方的"排序和筛选"下拉按钮,在弹出的菜单中选择"降序"命令即可,如图 4-50 所示。或者选择"数据"选项卡,在"排序和筛选"选项组中直接单击"降序"或"排序"按钮即可,如图 4-51 所示。如果单击"排序"按钮可弹出"排序"对话框,在该对话框中可设置高级排序功能,如图 4-52 所示。

②按总分对表格排好序后,在 L3 单元格中输入 1;然后将鼠标指针移至该单元格右下角填充柄,先按住"Ctrl"键不放,当鼠标指针变成黑色双十字形时,再按住鼠标左键不放,向

下拖动到 L12 单元格;最后依次松开鼠标左键和"Ctrl"键,则可生成员工总分"排名"。

图 4-50　选择"降序"命令

图 4-51　单击"排序"按钮

图 4-52　设置高级排序功能

3.使用筛选

(1)使用自动筛选查看指定部门的员工考核数据

首先,在要进行自动筛选的数据区域中选中任一单元格,如选中部门列的 D2 单元格;然后单击窗口上方的"排序和筛选"下拉按钮,在弹出的菜单中选择"筛选"即可,如图 4-53 所示。或者选择"数据"选项卡,在"排序和筛选"选项组中直接单击"筛选"按钮即可,如图 4-54 所示。然后,数据清单的每一列标题右边会出现下拉箭头,如图 4-55 所示,单击部门列上的箭头,在弹出的下拉菜单中选择相应的筛选条件即可。如果要取消自动筛选,则只需再次单击"排序和筛选"选项组中的"筛选"按钮即可。

图 4-53 选择"筛选"命令

图 4-54 单击"筛选"工具按钮

图 4-55 筛选后列标题的效果

(2)使用高级筛选查看指定部门的员工考核数据

如果筛选条件比较复杂,则需要使用高级筛选。其操作方法如下:

①首先在工作表中找一空白区域输入筛选条件,如果筛选条件只有一个,则按如图 4-56所示的格式输入筛选条件,表示希望只显示研发部门的数据。

图 4-56　在空白区域输入筛选条件

②如果筛选条件有多个，并且条件是"与"的关系，则将条件放在同一行，按如图 4-57 所示的格式输入筛选条件，表示希望只显示采购部的女员工数据。

图 4-57　在同一行输入筛选条件

③如果筛选条件有多个，并且条件是"或"的关系，则将条件放在不同行，按如图 4-58 所示的格式输入筛选条件，表示希望显示采购和研发部的员工数据。

图 4-58　在不同行输入筛选条件

图4-59　单击"高级"筛选按钮

④输入完筛选条件后,选择"数据"选项卡,在"排序和筛选"选项组中单击"高级"按钮,如图4-59所示,弹出"高级筛选"对话框;然后在工作表中拖动鼠标分别选中列表区域和条件区域,如图4-60所示;最后单击"确定"按钮即可看到满足输入条件筛选结果。如果要取消高级筛选,则只需要单击"排序和筛选"选项组中的"清除"按钮即可。

图4-60　"高级筛选"对话框

任务三　公司员工绩效考核评分数据分析

Excel 2010还有很多高级的数据统计和分析功能,可以对表格数据进行分类统计、图表展示等。

一、任务描述

小明设计的员工绩效考核数据表统计功能已经基本上能满足要求,但公司负责人希望小明增加如下更高级的分析统计功能。

①计算员工的绩效考核总分的部门平均分。

②使用图表展示每个部门员工的绩效考核总分的汇总情况。

如果你是小明,你该如何操作?下面将详细介绍利用Excel 2010电子表格软件的具体操作方法。其最终效果如图4-61所示。

图 4-61 员工绩效考核数据表分析统计后的效果图

二、任务准备

1. 分类汇总

分类汇总就是根据数据清单中某一列的值分类统计指定列的数据,便于对数据进行分析管理。要对数据清单进行分类汇总,应先将数据清单按照分类字段排序,以便将同一类数据行集中到一起。

2. 图表创建与编辑

图表是以图形化的方式表示工作表中数据的方法。与工作表相比,图表具有使用户看起来更清晰、更直观的特点,不仅能够直观地表现出数据值,还能更形象地反映出数据的对比关系。

图表的类型有多种,包含柱形图、折线图、饼图、条形图、面积图、XY(散点图)、股价图、曲面图、圆环图、气泡图、雷达图等类型。Excel 的默认图表类型为柱形图。

三、任务实施

1. 使用分类汇总

统计员工的绩效考核总分的部门平均分,具体操作步骤如下:

（1）创建分类汇总

首先,对数据清单中欲分类的列进行排序。如果要按部门分类,就必须先按部门列的值对数据清单排序。然后,选中要分类汇总的数据清单中的任一单元格。再次,选择"数据"选项卡,在功能区右边的"分级显示"选项组中直接单击"分类汇总"按钮,如图4-62所示,弹出"分类汇总"对话框,在对话框中选择分类字段为"部门"、汇总方式为"平均值"、汇总项为"总分",如图4-63所示。最后,单击"确定"按钮即可完成对数据清单的分类汇总,如图4-64所示,可以看到Excel计算并显示了每个部门的员工总分列的平均值。如果单击窗口左边的"-"图标,可以折叠数据,仅显示汇总结果,如图4-65所示。

（2）删除分类汇总

如果要删除分类汇总,还原最初的数据清单。可选中已经分类汇总的数据区域中的任一单元格;然后选择"数据"选项卡,在功能区右边的"分级显示"选项组中直接单击"分类汇总"按钮,在弹出"分类汇总"对话框中单击左下角的"全部删除"按钮;最后单击"确定"按钮即可删除对数据清单的分类汇总。

图4-62　单击"分类汇总"工具按钮

图4-63　"分类汇总"对话框

图 4-64　完成对数据清单的分类汇总

图 4-65　折叠数据仅显示汇总结果

2. 使用图表

在如图 4-65 所示的分类汇总的基础上，使用 Excel 提供的图表功能，即可利用图表展示每个部门员工的绩效考核总分的汇总情况。

（1）创建图表

首先，在如图 4-65 所示的数据清单中选中欲在图表上显示的数据，如果数据不是连续的，则按住"Ctrl"键不放拖动鼠标选择，如选择"部门"和"总分"两列。然后，选择"插入"选项卡，在功能区的"图表"选项组中单击相应的图表类型按钮，在按钮下拉菜单中可以选择欲创建的图表类型。或者单击"图表"选项组右下角的"创建图表"按钮 ，在弹出的"插入图表"对话框中选择一种图表类型，如图 4-66 所示。单击"确定"按钮，即可生成相应的图表，如图 4-67 所示。

图4-66 "插入图表"对话框

图4-67 生成相应的图表

（2）编辑图表

图表生成后，可以对其进行编辑，如修改图表类型、修改图表源数据、设置图表外观格式、移动和复制图表等。

①编辑图表设计。鼠标选中欲编辑的图表，选择"图表工具"中的"设计"选项卡。利用功能区中的"类型"选项组中的工具可以更改图表类型；利用功能区中的"数据"选项组中的工具可以修改图表中的显示数据；利用功能区中的"图表布局"选项组中的工具可以重新布局图表；利用功能区中的"图表样式"选项组中的工具可以修改图表外观样式；利用功能区中的"位置"选项组中的工具可以修改图表存放的位置，可以将图表设置为独立式图表或嵌入式图表。

②编辑图表布局。鼠标选中欲编辑的图表,选择"图表工具"中的"布局"选项卡。利用功能区中的"当前所选内容"选项组中的工具,可以更改图表所选内容的布局;利用功能区中的"插入"选项组中的工具,可以在图表中插入图片、形状、文本框对象;利用功能区中的"标签"选项组中的工具,可以编辑图表标题、坐标轴标题、图例、数据标签等图表标签在图表中的位置;利用功能区中的"坐标轴"选项组中的工具,可以编辑图表坐标轴、网格线的布局。

③编辑图表格式。鼠标选中欲编辑的图表,选择"图表工具"中的"格式"选项卡,如图 4-68 所示。利用功能区中的"当前所选内容"选项组中的工具,可以更改图表所选内容的填充、边框等格式;利用功能区中的"形状样式"选项组中的工具,可以对图表进行外观形状、三维、阴影等格式的设置;利用功能区中的"艺术字样式"选项组中的工具,可以编辑图表中文字的艺术字样式。

图 4-68　选择"格式"选项卡

本章小结

本章通过对公司员工绩效考核评分表的制作、数据管理和高级数据分析 3 个项目,介绍了电子表格软件 Excel 2010 的如下知识点:

1. Excel 2010 的基本概念。

2. Excel 2010 的启动和退出方法。

3. 工作簿、工作表、单元格的基本知识。

4. 工作表数据的录入、编辑、排版知识。

5. 工作表的数据计算、排序、筛选、分类汇总等数据管理知识。

6. 工作表图表制作和编辑的基本知识。

拓展训练

一、如图 4-69 所示为某电视经销商 2015 年电视机销售情况,请根据以下要求作出相应的设计。

1. 修改工作表 Sheet1 名为"销售情况表",删除工作表 Sheet2 和 Sheet3。

2. 将 A2 到 G6 区域的边框设为双实线,边框颜色设为"红色",底纹图案设为"细水平条纹""灰色-25%"。设置大标题合并居中显示,字体为黑体、加粗、20 号字。

3. 在 F2 单元格内输入文本:年平均值,在 F3 到 F6 单元格内用函数计算出各个地区的销售"年平均值"并填入。

图4-69 销售数据表

4. 在 G2 单元格内输入文本:完成情况,在 G3 到 G6 单元格内利用函数判别各个地区的年销售完成情况,如果年平均值大于 1 200 台,则在该地区的"完成情况"中填充:完成,否则填充:未完成。

5. 根据 Sheet1 工作表中的数据作一簇状柱形图,数据产生区域为:B3 到 E6,系列产生在列,图标标题为:"电视机销售情况",分类(X)轴标题为:"地区",数值(Y)轴标题为:"单位:台",图标插入 Sheet1 的 A8:G19 区域内。

二、如图 4-70 所示为某公司部分员工的工资表,请根据以下要求作出相应设计。

图4-70 工资数据表

1. 在 Sheet1 工作表中的 A1 单元格内输入文本:员工工资表,并设置文本对齐方式为:居中。

2. 将 A1 到 H1 单元格进行合并单元格操作,设置合并后的单元格内的文字格式为:楷体、加粗、红色、18 号字。

3. 在 G2 单元格内输入文本:实发工资,在 G3 到 G6 内用公式计算出每个员工的实发工资(实发工资 = 基本工资 + 岗位加津贴 + 奖金 - 扣款)。

4. 按主关键字为"基本工资",次关键字为"奖金"对 A2 到 G6 单元格内的数据进行有标题行的降序排序。

5. 筛选出实发工资大于 3 000 的员工记录。

6. 根据 Sheet1 工作表中的数据作一簇状柱形图,图标标题为:"员工工资情况",通过图标可以看到员工的实发工资情况。

7. 修改工作表 Sheet1 的名字为"工资表"。

三、如图 4-71 所示为某班部分学生的成绩,请根据以下要求作出相应的设计。

图 4-71 学生成绩数据表

1. 在 G2 到 G8 中用公式(平均分 =(数学 + 历史 + 外语)/3)计算出每个学生的平均分,平均分保留一位小数。

2. 请将 A2 到 G8 区域的底纹样式设为"12.5% 灰色",将从 A2 到 G8 的矩形区域的边框线条样式设为"双实线";并将从 A2 到 G8 的单元格内的数据水平对齐方式设为"居中",垂直对齐方式也设为"居中";再将文本数据的字体设为"仿宋_GB2312",字形设为"加粗",字号为"14"。

3. 对所有单元格数据以"性别"为分类字段,汇总方式为"计数",汇总项为"平均分","汇总结果放在数据下方",分别汇总出所给数据男生和女生的人数。

任务考核

一、单选题

1. Excel 2010 工作簿文件的默认扩展名为( )。

   A. docx   B. xlsx   C. pptx   D. mdbx

2. Excel 2010 主界面窗口中编辑栏上的"fx"按钮用来向单元格插入( )。

   A. 文字   B. 数字   C. 公式   D. 函数

3. Excel 工作表是一个很大的表格,其左上角的单元是( )。

   A. 11   B. AA   C. A1   D. 1A

4. 启动 Excel 2010 应用程序后,自动建立的工作簿文件的文件名为( )。

A. 工作簿1　　　　　B. 工作簿文件　　　　C. Book1　　　　　　D. BookFile1

5. 对于新安装的 Excel 2010,一个新建的工作簿默认的工作表个数为(　　　)。

A. 1　　　　　　　　B. 2　　　　　　　　C. 3　　　　　　　　D. 255

6. 以下不属于 Excel 2010 中数字分类的是(　　　)。

A. 常规　　　　　　B. 货币　　　　　　C. 文本　　　　　　D. 条形码

7. 向 Excel 2010 工作簿文件中插入工作表时,默认的表标签中的英文单词为(　　　)。

A. Sheet　　　　　B. Book　　　　　　C. Table　　　　　　D. List

8. 为了区别"数字"与"数字字符串"数据,Excel 要求在输入项前添加(　　　)符号来确认。

A. "　　　　　　　B. '　　　　　　　　C. #　　　　　　　　D. @

9. 在 Excel 2010 中,电子工作表中的列标为(　　　)。

A. 数字　　　　　　　　　　　　　　　B. 字母

C. 数字与字母混合　　　　　　　　　　D. 第一个为字母其余为数字

10. 准备在一个单元格内输入一个公式,应先键入(　　　)先导符号。

A. $　　　　　　　　B. >　　　　　　　　C. 〈　　　　　　　　D. =

11. 在 Excel 2010 的工作表中,最小操作单元是(　　　)。

A. 一列　　　　　　B. 一行　　　　　　C. 一张表　　　　　D. 单元格

12. 绝对地址在被复制或移动到其他单元格时,其单元格地址(　　　)。

A. 不会改变　　　　B. 部分改变　　　　C. 发生改变　　　　D. 不能复制

13. 在 Excel 2010 中,若要选择一个工作表的所有单元格,应鼠标单击(　　　)。

A. 表标签　　　　　　　　　　　　　　B. 左下角单元格

C. 列标行与行号列相交的单元格　　　　D. 右上角单元格

14. 在 Excel 2010 中,在具有常规格式(也是默认格式)的单元格中输入数值(即数值型数据)后,其显示方式是(　　　)。

A. 居中　　　　　　B. 左对齐　　　　　C. 右对齐　　　　　D. 随机

15. 在 Excel 2010 中,填充柄在所选单元格区域的(　　　)。

A. 左下角　　　　　B. 左上角　　　　　C. 右下角　　　　　D. 右上角

16. 在 Excel 2010 中,如果没有预先设定整个工作表的对齐方式,则数字自动以(　　　)方式存放。

A. 左对齐　　　　　B. 右对齐　　　　　C. 两端对齐　　　　D. 视具体情况而定

17. 在 Excel 2010 的电子工作表中,一个行和一个列(　　　)。

A. 可以同时处于选择状态　　　　　　　B. 不能同时处于选择状态

C. 没有交叉点　　　　　　　　　　　　D. 有多个交叉点

18. 如果某个单元格中的公式为"=$D2",这里的$D2属于(　　　)引用。

A. 绝对　　　　　　　　　　　　　　　B. 相对

C. 列绝对行相对的混合　　　　　　　　D. 列相对行绝对的混合

19. 在 Excel 2010 中,如果只需删除所选区域的内容,则应执行的操作是(　　　)。

A."清除"→"清除批注"　　　　　　　　B."清除"→"全部清除"

C."清除"→"清除内容"　　　　　　　　D."清除"→"清除格式"

20. 在 Excel 2010 中,电子工作表的每个单元格的默认格式为(　　)。

　　A. 数字　　　　　　B. 常规　　　　　　C. 日期　　　　　　D. 文本

21. 在 Excel 2010"单元格格式"对话框中,不存在的选项卡为(　　)。

　　A."数字"　　　　　　　　　　　　　　B."对齐"

　　C."保存"　　　　　　　　　　　　　　D. 可以是 A,也可以是 B

22. 已知 C2∶C6 输入数据 8、2、3、5、6,函数 AVERAGE(C2∶C5)=(　　)。

　　A.24　　　　　　　B.12　　　　　　　C.6　　　　　　　D.4.5

23. 在 Excel 2010 中,假定一个单元格的地址为 D25,则该单元格的地址称为(　　)。

　　A. 绝对地址　　　　B. 相对地址　　　　C. 混合地址　　　　D. 三维地址

24. 在 Excel 2010 中,使用地址 \$D\$1 引用工作表第 D 列(即第 3 列)第 1 行的单元格,这称为对单元格的(　　)。

　　A. 绝对地址引用　　B. 相对地址引用　　C. 混合地址引用　　D. 三维地址引用

25. 在 Excel 2010 中,若要表示当前工作表中 B2 到 G8 的整个单元格区域,则应书写为(　　)。

　　A. B2 G8　　　　　B. B2∶G8　　　　　C. B2;G8　　　　　D. B2,G8

26. 在 Excel 2010 中创建图表,首先要打开(　　),然后在"图表"组中操作。

　　A."开始"选项卡　　　　　　　　　　　B."插入"选项卡

　　C."公式"选项卡　　　　　　　　　　　D."数据"选项卡

27. 假定单元格 D3 中保存的公式为"=B3+C3",若把它复制到 E4 中,则 E4 中保存的公式为(　　)。

　　A. =B3+C3　　　　B. =C3+D3　　　　C. =B4+C4　　　　D. =C4+D4

二、判断题

1. 在 Excel 2010 中,将记录按关键字段值从大到小的排序称为降序排序。　　(　　)

2. 在 Excel 2010 中,Excel 工作表的数量可根据工作需要作适当地增加或减少,并可以进行重命名、设置标签颜色等相应的操作。　　(　　)

3. 在 Excel 2010 中,筛选方式中的"全部",表示不进行筛选,不显示任何记录。　　(　　)

4. 在 Excel 2010 中,可以更改工作表的名称和位置。　　(　　)

5. 在 Excel 2010 中,输入当前日期的快捷键是"Ctrl+Shift+;"。　　(　　)

6. 在 Excel 2010 中,在分类汇总前,需要先对数据按分类字段进行排序。　　(　　)

7. 在 Excel 2010 中,用户可自定义填充序列。　　(　　)

8. 在 Excel 2010 中,"####"是当列不够宽,出现的错误提示信息。　　(　　)

9. 在 Excel 2010 中,在 A1 单元格内输入"30001",然后按下"Ctrl"键,拖动该单元格填充柄至 A8,则 A8 单元格中的内容是"30008"。　　(　　)

10. 在 Excel 2010 中,只能清除单元格中的内容,不能清除单元格中的格式。　　(　　)

三、填空题

1. _____是工作表中的最基本单位。

2. 在 Excel 2010 中,单元格 A5 的绝对地址是_____。

3. 在 Excel 2010 中,如果需要选取不连续的单元格区域,应先按下_____键,然后单击所要的单元格。

4. 在 Excel 2010 中,公式都是以"="开始的,后面由操作数和_____构成。

5. 在 Excel 2010 中,_____是指从数据清单中选取满足条件的数据,将所有不满足条件的数据隐藏起来。

6. 在 Excel 2010 中,工作簿文件的默认文件类型为_____。

7. 公式被复制后,参数的地址不发生变化的引用称为_____。

8. 对数据列表进行分类汇总以前,必须先对作为分类依据的字段进行_____操作。

9. 删除单元格内容的快捷键是_____。

第五章 电子文稿软件 PowerPoint 的使用

Microsoft PowerPoint 2010 是由美国微软公司推出的办公系列软件之一,是专门制作演示文稿的软件,其最大的特点就是可以在幻灯片中输入和编辑文本、表格、组织结构图、剪贴画、图片、艺术字、声音或视频等。PowerPoint 2010 被广泛应用于学校、公司等部门,用于教学课件、产品展示、广告宣传、工作汇报和情况介绍等各种场合的幻灯片制作。与 Power-Point 2003 相比,PowerPoint 2010 中新增的功能有创建、管理并与他人协作处理演示文稿;使用视频和动画丰富演示文稿;更有效地提供和共享演示文稿。

知识目标

◆ 掌握 PowerPoint 2010 启动、退出和窗口组成等基本知识。
◆ 理解幻灯片、模板等基本概念。
◆ 掌握幻灯片版式设置方法。
◆ 掌握幻灯片中插入各种对象的方法。
◆ 掌握幻灯片中超链接的设置方法。
◆ 掌握幻灯片切换和放映方式的设置。
◆ 掌握幻灯片动画效果的设置。

技能目标

◆ 学会幻灯片的编辑和美化。
◆ 学会幻灯片切换、放映方式的设置。
◆ 学会动画按钮和超链接的设置。
◆ 学会幻灯片的动画、背景音乐等的设置。
◆ 学会利用 SmartArt 图形及素材美化组织结构及布局。

任务一 "校园风光"演示文稿制作

一、任务描述

小王作为一名新入学的新生,很喜欢学校的校园风光,希望将学校的校园风光更好地展示给更多的人,小王想到了使用 PowerPoint 2010 来制作一个校园风光演示文稿。经过不断地思索,决定将校园风光做成一个基于模板的电子相册,并列出了演示文稿中需要展示的信息:

①在第 1 张幻灯片中插入学校校门的风光图片。

②在第 2 张幻灯片中插入校训,并插入相应的图片。

③在第 3 张幻灯片中插入校园一角的风光图片。

④在第 4 张幻灯片中插入校园实训中心的风光图片。

⑤在第 5 张幻灯片中插入教学楼风光图片。

⑥在第 6 张幻灯片中插入校园风光图片。

制作一个基于模板的校园电子风光电子相册,效果如图 5-1 所示。

图 5-1 "校园风光"演示文稿

二、任务准备

1. PowerPoint 2010 窗口与视图

(1) PowerPoint 2010 的启动

启动 PowerPoint 有两种方法:

• 双击计算机桌面上的 Microsoft PowerPoint 2010 快捷方式。

• 打开"开始"菜单,选择"所有程序"→"Microsoft Office"→"Microsoft PowerPoint 2010"。

（2）PowerPoint 2010 窗口

PowerPoint 2010 的窗口界面与 Office 其他软件类似,可分为标题栏、快速访问工具栏、选项卡栏、功能区、编辑区、状态栏、显示按钮和缩放滑块等部分,如图 5-2 所示。

图 5-2　PowerPoint 2010 窗口组成

（3）PowerPoint 2010 视图

PowerPoint 2010 中可用于编辑、打印和放映的演示文稿的视图有普通视图、幻灯片浏览视图、备注页视图、幻灯片放映视图、阅读视图、母版视图（包括幻灯片母版、讲义母版和备注母版）,如图 5-3 所示。

图 5-3　演示文稿视图

• 普通视图:PowerPoint 2010 中主要的编辑视图,可用于撰写和设计演示文稿。普通视图有 4 个工作区域分别为大纲选项卡、幻灯片选项卡、幻灯片窗格和备注窗格,如图 5-4 所示。

• 幻灯片浏览视图:可使用户以缩略图的形式查看幻灯片。通过此视图,可以轻松地对演示文稿的顺序进行排列和组织,还可以在幻灯片浏览视图中添加节,并按不同类别或节对幻灯片进行排序,如图 5-5 所示。

• 备注页视图:"备注"窗格位于"幻灯片"窗格下方,可以在该窗格中输入要应用于当前幻灯片的备注,在打印时可以将备注打印出来并在放映演示文稿时进行参考,如图 5-6 所示。

图 5-4 普通视图

图 5-5 幻灯片浏览视图

图 5-6 备注页视图

图 5-7　阅读视图

• 阅读视图:用于向使用自己的计算机查看演示文稿的人员放映演示文稿(非全屏放映),如果要更改演示文稿,可随时从阅读视图切换至某个其他视图,如图5-7 所示。

• 母版视图:包括幻灯片母版视图、讲义母版视图和备注母版视图。它们是存储有关演示文稿的信息的主要幻灯片,其中包括背景、颜色、字体、效果、占位符大小和位置。使用母版视图的一个主要优点在于:在幻灯片母版、备注母版和讲义母版上,可以对与演示文稿关联的每个幻灯片、备注页或讲义的样式进行全局更改,如图5-8 所示。

图 5-8　母版视图

• 放映视图:可用于放映演示文稿,幻灯片放映视图会占用整个计算机屏幕。单击"幻灯片放映"选项卡,从"从头开始""从当前幻灯片开始""广播幻灯片"或"自定义幻灯片放映"中选择放映模式,同时,可通过"设置"和"监视器"工具组设置放映参数。如果要退出幻灯片放映视图,请按"Esc"键,如图 5-9 所示。

图 5-9　放映视图

2. 演示文稿的创建

PowerPoint 2010 制作的演示文稿由幻灯片、演示文稿大纲、讲义和备注 4 个部分组成,其文件的扩展名为.pptx。一套完整的演示文稿文件一般包含片头动画、PPT封面、前言、目录、过渡页、图表页、图片页、文字页、封底、片尾动画等。所采用的素材有文字、图片、图表、动画、声音、影片等。而幻灯片是演示文稿的核心部分,它概况性地描述了演示文稿的内容,通常,一个演示文稿由若干张幻灯片组成。

(1)创建演示文稿

通过"文件"选项卡中的"打开"选项可以打开一个已存在的演示文稿。通过选择"文件"选项卡中的"新建"选项,可在"可用的模板和主题"中选择合适的模板和主题来创建演示文稿,如图5-10所示。

图5-10　创建演示文稿

(2)演示文稿的保存

在演示文稿的编辑过程中,要养成随时存盘的好习惯,以防止数据的丢失。选择"文件"选项卡中的"保存"选项或单击"快速访问"工具栏上的"保存"按钮,即可进行存盘。如果是第一次对编辑文档进行保存,则在执行"文件"→"保存"命令时,会弹出"另存为"对话框。在"另存为"对话框中选择保存文件的位置,在"文件名"中输入演示文稿的名称,文件的"保存类型"为"PowerPoint演示文稿"。

(3)幻灯片的新建、复制、移动、删除

①幻灯片的新建

• 在幻灯片视图中选择某一幻灯片后单击鼠标右键,在弹出的菜单项中选择"新建幻灯片",可以创建"标题和内容"版式的幻灯片。

• 在"开始"选项卡中选择"新建幻灯片",可以创建各种版式的幻灯片,如图5-11所示。

②幻灯片的复制

• 选择要复制的幻灯片单击鼠标右键,在弹出的菜单项中选择"复制"。

● 使用键盘上的快捷键"Ctrl + C"复制幻灯片,选择目标位置后按快捷键"Ctrl + V"粘贴。

③幻灯片的移动

● 选择要移动位置的幻灯片,按住鼠标左键将要移动的幻灯片移动到目标位置后松开鼠标左键。

● 先将要移动的对象"Ctrl + X(剪切)",然后选择目标位置后"Ctrl + V(粘贴)"。

④幻灯片的删除

● 选择要删除的幻灯片,单击鼠标右键在弹出的菜单项中选择"删除幻灯片"。

● 选择要删除的幻灯片,按键盘上的"Delete"键即可删除。

如果在执行删除命令后发现误删了某一幻灯片,此时可以通过撤销删除命令来恢复被删除的幻灯片,要恢复被删除的幻灯片可选择"快速访问"工具栏上的"撤销"按钮,或使用键盘上的"Ctrl + Z"键来撤销删除命令。

图 5-11　新建不同版式的幻灯片

(4)幻灯片版式

幻灯片版式是 PowerPoint 软件中的一种常规排版的格式,通过幻灯片版式的应用可以对文字、图片等合理、简洁地完成布局,有幻灯片标题、标题和内容、节标题、两栏内容、比较、仅标题、空白、内容与标题等版式,如图 5-12 所示。

● 设计模板:模板是一种以特殊格式保存的演示文稿,一旦选用了一种模板后,幻灯片的布局、背景图片、色调等就确定了,其扩展名为. potx。模板可以包含版式、主题颜色、主题字体、主题效果和背景样式,甚至还可以包含内容。在创建模板时可以创建自己的自定义模板、可以获取多种不同类型的 PowerPoint 内置免费模板,也可在 Office. com 和其他合作伙伴网站上获取可以应用于自己演示文稿的免费模板。

图 5-12　幻灯片的版式

● 应用样本模板：单击"文件"选项卡选择"新建"选项，在"可用模板和主题"中选择"样本模板"，如图 5-13 所示。在 PowerPoint 2010 中默认的样本模板有 PowerPoint 2010 简介、都市相册、古典型相册、宽屏演示文稿、培训、现代性相册、项目状态报告、小测验短片、宣传手册。

图 5-13　样本模板

● 应用 Office.com 模板：单击"文件"选项卡选择"新建"选项，在"Office.com 模板"中提供了上千个免费的模板，你可以根据自己的需要使用或修改这些模板，如图 5-14 所示。

图 5-14　Office. com 模板

（5）幻灯片中插入对象

①插入文本

单击"插入"选项卡，其中"文本"工具栏包括文本框、页眉和页脚、艺术字、日期和时间、幻灯片编号和对象，如图 5-15 所示。

图 5-15　"文本"工具栏　　　　**图 5-16　占位符中的文本**

文本是演示文稿中必不可以少的一部分，在幻灯片中输入文本有两种方法：一是直接将文本输入到占位符中；二是利用"文本框"工具中的"横排文本框"或"垂直文本框"绘制文本框后输入内容。

● 在占位符中输入文本：在幻灯片中，占位符中的文本是一些提示性的内容，用户可以用实际所需要的内容去替换占位符中的文本，占位符文本包括一个标题占位符和一个副标题占位符，如图 5-16 所示。

● 在文本框中输入文本：单击"插入"选项卡，在"文本"工具栏中选择"文本框"中的"横排文本框"或"垂直文本框"选项，如图 5-17 所示，然后在幻灯片的编辑区域绘制文本框，同时可以通过文本框的控制点调整文本框的大小。

图 5-17　"文本框"工具

在幻灯片中插入某一文本框后,利用"开始"选项卡中的"字体""段落"等工具对文本框输入的内容进行格式设置;利用"绘图工具"的"格式"选项卡中的工具对文本框的形状、形状样式、艺术字样式等进行设置,如图 5-18 和图 5-19 所示。

图 5-18　"开始"选项卡中的工具

图 5-19　绘图工具

②插入图片

幻灯片中的文字内容是演示文稿的主要内容,但是将图形和文字配合在一起,不但可以正确表达课件的内容,而且可以大大增强课件的渲染能力,增强演示效果,使得幻灯片内容更加形象生动。幻灯片中的图片可以是来自文件的图片、剪贴画、屏幕截图、相册、形状、SmartArt 或图表等对象。

单击 PowerPoint 中"插入"选项卡,其中"图像"包括图片、剪贴画、屏幕截图、相册,如图 5-20 所示。

图 5-20　"图像"工具

在幻灯片中插入图像后,利用"图片工具"的"格式"选项卡中的工具对"图像的样式""排列""大小"等进行设置,如图 5-21 所示。

图 5-21　图片工具

知识拓展

在幻灯片中可以插入一些扩展名为 GIF 格式的小动画,使得幻灯片更生动。

三、任务实施

(1)新建相册演示文稿

①单击"文件"选项卡→"新建"→"样板模板"→"现代型相册"。

②单击"文件"选项卡→"另存为",在弹出的"另存为"对话框中设置保存位置和文件名,使其文件名为"校园风光电子相册",文件扩展名为. pptx。

(2)幻灯片的制作

选择第 1 张幻灯片,单击其中的图片并按下键盘上的"Delete"键将其删除;然后单击"插入来自文件的图片"按钮,插入图片,输入相册标题"校园风光电子相册",如图 5-22 所示。用类似的方法制作第 2、3、4、5、6 张幻灯片,注意保存。

(3)幻灯片放映

单击选项卡中的"幻灯片放映",选择放映方式"从头开始"放映或"从当前幻灯片开始"放映,如图 5-23 所示,查看效果。

图 5-22 第 1 张幻灯片

图 5-23 幻灯片放映

任务二 "自我介绍"演示文稿制作

一、任务描述

在班会上,辅导员老师要求同学们利用多媒体软件制作一个时长为 3 分钟的自我介绍演示文稿。小王准备利用 PowerPoint 2010 来制作自己的演示文稿,通过思考,他勾画出了演示文稿中所需要展示的信息,如图 5-24 所示。

图 5-24 "自我介绍"演示文稿

二、任务准备

1. PowerPoint 主题

若要使演示文稿具有设计器质量的外观,该外观包括一种或多种颜色、匹配背景、字体和效果协调的幻灯片版式,就需要一个主题。主题还可以应用于幻灯片中的表格、图标等元素。单击"设计"选项卡,在其"主题"功能区域中内置了 13 种不同的主题(见图 5-2),用户可以选取其中的一种主题,同时可以设置颜色、字体、效果,如图 5-25 所示。

图 5-25　PowerPoint 主题

2. PowerPoint 主题颜色

PowerPoint 2010 中提供了多种配色方案,单击"设计"选项卡,在"主题"功能区中选择"颜色",可以为幻灯片选取合适的配色方案。

3. 在幻灯片中插入"插图"

单击 PowerPoint 中"插入"选项卡,如果要插入的是"插图"则在插图工具组中选择适当的选项即可。

(1)在幻灯片中插入"形状"

单击 PowerPoint 中"插入"选项卡,"插图"工具栏中的"形状"包括最近使用的形状、线条、矩形、基本形状、箭头总汇、公式形状、流程图、星与旗帜等工具。

在幻灯片中插入形状后,利用"绘图工具"的"格式"选项卡中的工具对形状样式、艺术字样式、排列、大小等进行设置,如图 5-26 所示。

图 5-26　绘图工具

(2)在幻灯片中插入"SmartArt"

单击 PowerPoint 中"插入"选项卡,"插图"工具栏中的"SmartArt"包括列表、流程、循环、层次结构、关系等插图,如图 5-27 所示。

图 5-27　"选择 SmartArt 图形"对话框

199

在幻灯片中插入 SmartArt 图形后,利用"SmartArt 工具"中的"设计"和"格式"选项卡,对 SmartArt 图形的布局、SmartArt 样式、重置、形状、形状样式、艺术字样式、排列、大小进行设置,如图 5-28 所示。

图 5-28　SmartArt 工具

(3)在幻灯片中插入"图表"

单击 PowerPoint 中"插入"选项卡,"插图"工具栏中的"图表"包括柱形图、折线图、饼图、条形图、面积图等图示,如图 5-29 所示。

图 5-29　"插入图表"对话框

在弹出的"插入图表"对话框中选择适合的图后,会在 Excel 中弹出数据图表,如图5-30所示。在默认情况下,"类别"产生在行,"系列"产生在列,修改 Excel 中数据图表中的行首、列首和相关数据,修改完毕后图表的内容也会随之发生变化。

图 5-30　数据图表

当修改完数据图表中的相关数据后,可以使用"图表工具"对图表进行美化,图表工具包括设计、布局和格式,如图 5-31 所示。

图 5-31　图表工具

4. 在幻灯片中插入"表格"

单击 PowerPoint 中"插入"选项卡,在"表格"工具栏所展开的菜单项中选择要绘制或插入的表格,如图 5-32 所示。

图 5-32　表格工具

图 5-33　设置插入表格的行数和列数

(1)插入表格

在"表格"工具栏所展开的菜单项中选择"插入表格",在弹出的对话框中输入要插入表格的行数和列数,如图 5-33 所示;然后单击"确认"按钮即可插入表格,同时,通过"表格工具"设置表格的样式、边框等。

(2)绘制表格

在"表格"工具栏所展开的菜单项中选择"绘制表格",在幻灯片编辑区域绘制表格的边框;然后通过表格工具中的"绘制表格"工具绘制表格的行和列,如图 5-34 所示。同时,通过"表格工具"设置表格的样式、表格边框颜色和粗细等。

图 5-34　绘制表格工具

5. 在幻灯片中插入"剪贴画"

单击 PowerPoint 中"插入"选项卡,选择"图像"工具栏中的"剪贴画",如图 5-35 所示;单击窗口右边剪贴画浮动面板中的"搜索"按钮后选择需要的剪贴画,如图 5-36 所示。

图 5-35 "剪贴画"工具　　　　图 5-36 "剪贴画"面板

6. 在幻灯片中插入"艺术字"

单击"文本"工具栏中的"艺术字"展开下一级子菜单,如图 5-37 所示;选择合适的艺术字效果后在幻灯片弹出的文本框中输入相应的文字内容,如图 5-38 所示。同时,利用"绘图工具"中的"格式"选项卡对"艺术字样式"进行设置。

图 5-37 艺术字

图 5-38　艺术字样式

7. 演示文稿中创建超链接和动作按钮

（1）创建超链接

所谓超链接,是指从一个对象指向一个目标的链接关系。超链接可以是从一张幻灯片到同一演示文稿中另一张幻灯片的链接,也可以是从一张幻灯片到不同演示文稿中另一张幻灯片到电子邮件地址、网页或文件的链接。创建超链接的步骤如下:

①在幻灯片中选择要用作超链接的文本或对象。

②在"插入"选项卡上的"链接"工具组中,单击"超链接",在弹出的对话框中选择"链接到"的位置为"现有文件或网页""本文档中的位置""新建文档"或者"电子邮件地址",如图 5-39 和图 5-40 所示;然后选择链接目标,设置完毕后,单击"确认"按钮即可。在默认情况下,超链接的字体和下画线的颜色为蓝色。

图 5-39　链接"工具　　　　　　　图 5-40　设置链接目标

（2）动作按钮

在 PowerPoint 2010 演示文稿放映过程中,有时可能需要从一张幻灯片跳转到另一张幻灯片中观看视频播放效果,要实现两张幻灯片的自由切换,可通过添加动作按钮来实现。

可以添加到演示文稿中的内置按钮形状称为动作按钮。创建动作按钮的步骤如下:

①在"插入"选项卡上的"插图"工具组中单击"形状"选项,选择要添加的"动作按钮",如图 5-41 所示。

图 5-41　选择动作按钮

②单击幻灯片上的某一位置,然后通过拖动鼠标为该按钮绘制形状。

③在"动作设置"对话框中,设置"单击鼠标"或"鼠标移过"时的动作,如图5-42所示。

图5-42 "动作设置"对话框

三、任务实施

1. 第1张幻灯片的制作

①新建文件名为"自我介绍"的演示文稿。
②新建一张幻灯片,单击"设计"选项卡,在"主题"工具栏中选择"流畅"主题。
③标题为"个人简介",副标题为"电子信息工程系 王鑫",如图5-43所示。

图5-43 第1张幻灯片

2. 第2张幻灯片的制作

①新建第2张幻灯片,单击"插入"选项卡,在"插图"工具栏中单击"SmartArt",在弹出的对话框中选择"垂直曲线列表"图形,如图5-44所示。

图 5-44　"选择 SmartArt 图形"对话框

②选择该图形,在"SmartArt 工具"的"设计"和"格式"选项卡中设置 SmartArt 样式和格式。

③在该图形中输入如图 5-45 所示的文字,并设置超链接,使其链接到相应的幻灯片,如图 5-46 所示。

图 5-45　第 2 张幻灯片　　　　　　　　图 5-46　第 3 张幻灯片

3. 第 3 张幻灯片的制作

①新建第 3 张幻灯片,标题为"基本信息"。

②单击"插入"选项卡,在"表格"工具栏中选择创建一个 5 行 2 列的表格,利用"表格工具"选项卡中的"设计"和"布局"工具设置表格的显示效果,如图 5-46 所示。

4. 第 4 张幻灯片的制作

①新建第 4 张幻灯片,标题为"我的爱好"。

②输入我的爱好,并改变文本区域的宽度和高度,其方法如下:

● 选择文本区域,利用"绘图工具"的"格式"选项卡中的宽度和高度值来改变文本区域的宽度和高度。

图 5-47　对角形状

● 将鼠标移动到文本区域的右下角,当鼠标指针变成对角调整形状时按住鼠标左键拖动改变文本区域的宽度和高度,如图 5-47 所示。

③选择"插入"选项卡,在"图像"工具栏中单击"剪贴画",并在右

边"剪贴画"面板中选择所需的剪贴画,如图 5-48 所示。

图 5-48　第 4 张幻灯片

5. 第 5 张幻灯片的制作

①新建第 5 张幻灯片,标题为"个人评价"。

②在文本区域输入个人评价的内容,如图 5-49 所示。

图 5-49　第 5 张幻灯片　　　　　　　图 5-50　第 6 张幻灯片

6. 第 6 张幻灯片的制作

①新建第 6 张幻灯片,单击"插入"选项卡,在"文本"工具栏中选择"艺术字",选择对应的艺术字效果后输入"谢谢大家!"。

②在"绘图工具"的"格式"选项卡的"形状样式"和"艺术字样式"工具栏中调整艺术字的显示效果,如图 5-50 所示。

任务三　"新年贺卡"演示文稿制作

一、任务描述

　　小王经过不断地学习,对制作演示文稿越来越感兴趣,同时在课后他也在思索,自己制作的演示文稿内容都是静态的不能够更好地展示要表达的内容,因此他决定制作一个"新年贺卡"来动态地展示演示文稿各个幻灯片中的内容。通过思考,他勾画出了演示文稿中所需要展示的信息,如图 5-51 所示。

图 5-51　新年贺卡效果图

二、任务准备

1.幻灯片切换

幻灯片切换效果是在演示期间从一张幻灯片移到下一张幻灯片时在"幻灯片放映"视图中出现的动画效果。

①选择要设置切换效果的幻灯片,单击"切换"选项卡,如图 5-52 所示。

图 5-52　幻灯片切换

②在"切换"选项卡中,可以设置切换效果、声音、换片方式、计时等信息。

③将幻灯片切换效果设置完成后,单击"切换"选项卡中的"预览"或者按键盘上的"F5"键,查看设置的切换效果。

2.动画设置

为了增强演示文稿的生动性和趣味性,PowerPoint 2010 提供了动画设计功能,可以对幻灯片中的文字、图像等对象设置动画效果,进而达到突出重点的目的。

①在幻灯片中选取要设置动画效果的对象,然后单击"动画"选项卡,在"动画"工具组中选择合适的动画效果,如图 5-53 所示。

图 5-53　幻灯片动画设置

②在"高级动画"和"计时"工具组中设置动画参数或者单击"其他效果选项"按钮来进一步设置动画参数,如图 5-54 和图 5-55 所示。

图 5-54　其他效果按钮

图 5-55　设置"其他效果按钮"中的参数

③单击"预览"或按键盘上的"F5"键,查看所设置的动画效果。

3.插入音频

为了突出重点,可以在演示文稿中添加音频,如音乐、旁白等。如果需要在幻灯片中插入音乐,就需要预先准备好音乐文件,音乐文件可以是 WAV、MID 或 MP3 文件格式。

单击 PowerPoint 中"插入"选项卡,在"媒体"工具组中单击"音频",在菜单中选择"文件中的音频…",找到准备好的音频文件后单击"确认"按钮,随后在幻灯片上出现一个"喇叭"图标,如图 5-56 和图 5-57 所示。

在幻灯片中插入音频文件后,可以通过修改"音频工具"中"播放"参数来设置播放效果,如图 5-58 所示。

图 5-56　插入音频　　　　图 5-57　插入音频后出现的"喇叭"图标

图 5-58　音频工具

4.插入视频

在幻灯片中通过添加精彩的视频片段,可以进一步增强感染力。单击 PowerPoint 中"插入"选项卡,在"媒体"工具组中单击"视频"选项,在列表中选择"文件中的视频…",找到准备好的音频文件后单击"确认"按钮即可。

三、任务实施

1.第 1 张幻灯片的制作

①新建一个名为"新年快乐"的演示文稿。

②新建第 1 张幻灯片,在幻灯片空白位置单击鼠标右键,在弹出的快捷菜单中选择"设置背景格式"命令,在"填充"中选择"图片或纹理填充",单击"文件"按钮,选择所需的图片作为第 1 张幻灯片的背景。

图 5-59　艺术字

③插入艺术字"新年快乐"和"HAPPY NEW YEAR",并设置相应的艺术字效果,如图 5-59 所示。

④单击"插入"选项卡"媒体"工具中的"音频",选择"文件中的音频",并在"音频工具"的"播放"选项卡中设置音频播放效果为"自动"播放,如图 5-60 所示。

图 5-60　设置音频播放效果

⑤为幻灯片中的艺术字设置动画效果。

⑥为第 1 张幻灯片设置切换效果。

2. 第 2 张幻灯片的制作

①新建第 2 张幻灯片,在幻灯片空白位置单击鼠标右键,在弹出的快捷菜单中选择"设置背景格式",在"填充"中选择"渐变填充",并设置渐变光圈的颜色来调整渐变效果,如图 5-61 所示。

图 5-61　设置渐变色背景

图 5-62　插入图片

②在幻灯片标题栏处输入"新年快乐"。

③在幻灯片中插入图片,如图 5-62 所示,选择中国结图片,单击"图片工具"的"格式选项卡"中的"删除背景",如图 5-63 和图 5-64 所示。

图 5-63　"删除背景"工具

图 5-64　删除图片背景后的效果

④为幻灯片中各个对象设置动画效果。

⑤为幻灯片设置切换效果。

3. 第 3 张幻灯片的制作

①新建第 3 张幻灯片,在幻灯片空白位置单击鼠标右键,在弹出的快捷菜单中选择"设置背景格式",在"填充"中选择"图片或纹理填充",单击"文件"按钮,选择所需的图片作为第 3 张幻灯片的背景。

②在幻灯片中输入如图 5-65 所示的新年祝福文字。

③单击"插入"选项卡,在"插图"工具中选择"形状"中的"横卷形",并输入"明年再见"文字内容,如图 5-65 所示。

④为幻灯片中各个对象设置动画效果。

⑤为幻灯片设置切换效果。

图 5-65　插入"横卷形"

⑥单击"幻灯片放映"选项卡,选择放映方式,观看放映效果,如图 5-66 所示。

图 5-66　设置"幻灯片放映"

本章小结

    Microsoft PowerPoint 2010 是最常用的演示文稿制作软件,在各个领域有着广泛的应用,本章主要介绍了 PowerPoint 2010 的以下功能:PowerPoint 2010 启动、退出和窗口组成等基本知识;幻灯片、模板等基本概念;幻灯片版式设置方法;幻灯片中插入各种对象的方法;幻灯片中超链接的设置方法;幻灯片切换和放映方式的设置;幻灯片动画效果的设置。

任务考核

一、单选题

1. PowerPoint 2010 演示文稿存盘时,默认的扩展名是(　　　)。

    A. xlsx   B. docx   C. jpg   D. pptx

2. 下列选项中,(　　　)是幻灯片中无法打印出来的。

    A. 幻灯片中的表格   B. 幻灯片中的图片

    C. 幻灯片中的日期   D. 幻灯片中的动画

3. 选择"设计"选项卡中的某一主题后,默认情况下该主题将(　　　)生效。

    A. 仅对当前幻灯片   B. 对所有已打开的演示文稿

    C. 对正在编辑的幻灯片对象   D. 对所有幻灯片

4. 如果要终止幻灯片的放映,可直接按(　　　)键。

    A. Ctrl + C   B. Esc   C. End   D. Alt + F4

5. 当一张幻灯片要建立超级链接时,下列说法错误的是(　　　)。

    A. 可以链接到其他幻灯片上   B. 可以链接到本页幻灯片上

    C. 可以链接到其他演示文稿上   D. 不可以链接到其他演示文稿上

6. 在 PowerPoint 2010 中,如果要同时选中几个对象,应按住(　　　)键,然后单击待选对象。

    A. Ctrl   B. Alt   C. Delete   D. Shift

7. 按键盘上"F5"键时,在屏幕上将看到(　　　)。

    A. 从第一张幻灯片开始全屏幕放映所有幻灯片

    B. 从当前幻灯片放映剩余的幻灯片

    C. 只放映当前的一张幻灯片

    D. 放映最后一张幻灯片

8. 对某张幻灯片设置隐藏后,则(　　　)。

    A. 在幻灯片视图窗格中,该张幻灯片被隐藏了

B. 在大纲视图窗格中,该张幻灯片被隐藏了

C. 在幻灯片浏览视图状态下,该张幻灯片被隐藏了

D. 在幻灯片放映时,该张幻灯片被隐藏了

9. 自定义动画时,以下说法不正确的是(　　　)。

　　A. 各种对象均可设置动画　　　　　　B. 动画设置后,先后顺序不可改变

　　C. 同时还可设置动画声音　　　　　　D. 可将对象设置成动画播放后隐藏

10. 超链接只有在下列哪种视图中才能被激活?(　　　)

　　A. 幻灯片视图　　　　　　　　　　　B. 大纲视图

　　C. 幻灯片浏览视图　　　　　　　　　D. 幻灯片放映视图

二、判断题

1. 在 PowerPoint 2010 的大纲视图中,可以增加、删除、移动幻灯片。　　　　　(　　)

2. 在 PowerPoint 2010 中,各张幻灯片可以使用不同的背景。　　　　　　　　(　　)

3. PowerPoint 2010 文件默认的扩展名为. PPT。　　　　　　　　　　　　　　(　　)

4. 在 PowerPoint 2010 中,按住"Shift"键,依次单击各个图像可以选择多个图形。

　　　　　　　　　　　　　　　　　　　　　　　　　　　　　　　　　　(　　)

5. 在 PowerPoint 2010 的幻灯片上使用超链接,可以改变幻灯片的播放顺序。　(　　)

6. 在幻灯片的放映过程中,用户可以在幻灯片上写字或画画,这些内容将可以保存在
演示文稿中。　　　　　　　　　　　　　　　　　　　　　　　　　　　　　(　　)

7. 在 PowerPoint 2010 中,放映幻灯片的快捷键是"F12"。　　　　　　　　　(　　)

8. 在 PowerPoint 2010 中,通过"页面设置"对话框可以为幻灯片添加幻灯片编号。

　　　　　　　　　　　　　　　　　　　　　　　　　　　　　　　　　　(　　)

9. 在 PowerPoint 2010 的"幻灯片切换"中,设置每隔 3 秒换页,可以实现幻灯片自动放
映。　　　　　　　　　　　　　　　　　　　　　　　　　　　　　　　　　(　　)

10. 在 PowerPoint 2010 中,若希望在文字预留区外的区域输入其他文字,可通过文本框
按钮插入文字。　　　　　　　　　　　　　　　　　　　　　　　　　　　　(　　)

三、填空题

1. PowerPoint 2010 提供了多种基本视图方式,常见的有_____ 、_____ 、
_____ 、_____ 、_____和_____ 6 种视图。

2. PowerPoint 2010 模板文件的扩展名为_____。

3. 结束幻灯片放映,通常按_____键。

4. 编辑和制作幻灯片时,应该在_____视图中进行。

5. PowerPoint 2010 处理的主要对象是_____。

第六章　数据库基本知识及操作

Microsoft Office Access 是微软公司把数据库引擎的图形用户界面和软件开发工具结合在一起的一个关系数据库管理系统,是 Microsoft Office 的系列程序之一。Access 可以存储和检索信息,提供用户所需求的信息以及自动完成可重复执行的任务,以功能强大、界面友好、效率高、扩展性强等特点吸引了广大的用户,是当今流行的数据库软件之一,尤其在中小数据库中得到了广泛的应用。

知识目标

◆　了解数据库及数据库系统的基本知识。
◆　熟悉关系数据模型。
◆　掌握数据库的基本操作:建立数据库、数据表、数据查询。

技能目标

◆　会使用 Access 软件建立空白数据库并新建数据表。
◆　会使用本地模板创建数据库。
◆　能够用特色联机模板创建数据库。
◆　会进行简单的查询操作。

任务一　创建学生基本信息数据库

一、任务描述

小张大学毕业后进入高校担任辅导员工作,小张的日常工作之一是经常需要对班级学生的基础信息进行系统性管理。小张记得有老师曾提及,对数据进行表格式的存储时可以用 Excel 或者 Access 软件,但如果表与表之间有关联时最好是用专业的数据库软件 Access。

二、任务准备

数据处理是计算机应用的一个主要发展方向,它涉及对各种不同形式的数据进行收集、存储、加工和传播等一系列活动。在计算机系统中,数据管理通常使用数据库管理系统完成。数据库技术已成为数据管理的重要基础之一,也是计算机软件技术的一个重要分支。

(1)数据库概述

数据库是按照数据结构来组织、存储和管理数据的仓库。在数据管理的日常工作中,常常需要把某些相关的数据放进这样的"仓库",并根据管理的需要进行相应的处理。例如,在企业财务管理、仓库管理、生产管理中一般都需要建立众多的"数据库",使其可以利用计算机实现财务、仓库、生产数据的自动化管理。采用数据库技术进行数据管理是当今的主流技术,它的核心是建立、管理和使用数据库。下面首先来认识一下信息、数据和数据管理的概念。

①信息与数据

● 信息:是对客观事物的特征、运动形态以及事物间的相互联系等多种要素的抽象反映。在信息社会,信息已成为人类社会活动的一种重要资源,与能源、物质并称为人类社会活动的三大要素。

● 数据:是信息的符号表示。在计算机内部,所有信息均采用 0 和 1 进行编码。在数据库技术中,数据的含义更加广泛,不仅包括数字,还包括文字、图形、图像、声音、视频等多种数据,它们分别表示不同类型的信息。

②数据管理

数据管理是利用计算机硬件和软件技术对数据进行分类、组织、编码、存储、检索和维护的过程,其目的在于充分有效地发挥数据的作用。有效的数据管理可以提高数据的使用效率,减轻程序开发人员的负担。随着计算机技术的发展,数据管理经历了人工管理、文件系统、数据库系统 3 个发展阶段。数据库技术是针对数据管理的计算机软件技术。

(2)数据库系统

数据库系统(Database System,DBS)包括数据库、数据库管理系统、计算机软硬件系统和数据库管理员。

● 数据库(Database,DB):是存储数据的仓库,是长期存放在计算机内、有组织、可共享的大量数据的集合。一个数据库系统可包含多个数据库。

● 数据库管理系统(Database Management System,DBMS):是一种操纵和管理数据库的软件,用于建立、使用和维护数据库。它对数据库进行统一的管理和控制,以保证数据库的安全性和完整性。用户通过数据库管理系统访问数据库中的数据,数据库管理员也通过数据库管理系统进行数据库的维护工作。典型的数据库管理系统有 Microsoft SQL Server、Microsoft Access、Microsoft FoxPro、Oracle、Sybase、MySql 等。

● 计算机软硬件系统。(前面章节已经讲述,此处略)

● 数据库管理员(Database Administrator,DBA):是一个专门负责管理和维护数据库服务器的人,主要负责全面管理和控制数据库系统。

(3)数据模型

数据模型是数据特征的抽象,是对现实世界的模拟,是数据库系统中用以提供信息表示和操作手段的形式构架,是数据库系统的核心和基础。数据模型应满足 3 个方面的需求:一是真实模拟现实世界;二是容易被人理解;三是便于在计算机上实现。常见的数据模型有层次模型、网状模型、关系模型和面向对象模型。

● 层次模型:如图 6-1 所示,采用树状结构表示数据之间的联系,树的节点称为记录,记录之间只有简单的层次关系。层次模型满足下述两个条件:

①有且只有一个节点没有父节点,该节点称为根节点。

②其他节点有且只有一个父节点。

图 6-1　层次模型

● 网状模型:如图 6-2 所示,是层次模型的扩展,它满足下述条件:

①允许一个以上的节点没有父节点。

②一个节点可以有多于一个的父节点。

图 6-2　网状模型

● 关系模型:用二维表表示数据之间的联系,一个关系就是一个二维表,这种用二维表的形式表示实体和实体间联系的数据模型称为关系模型,如图 6-3 所示。Microsoft Access就是一种典型的关系模型数据库管理系统。

机器型号	部件型号	零件型号
机器 1	部件 1	零件 11
机器 1	部件 2	零件 21
机器 2	部件 4	零件 41
⋮	⋮	⋮

图 6-3　关系模型

要学习关系数据库,首先需对其基本概念作一些了解。

● 关系:一个关系就是一个二维表,每个关系有一个关系名。如图6-4所示,是在 Microsoft Access 中建立的一个学生关系表。对关系的描述称为关系模式,一个关系模式对应一个关系的结构。关系模式表示形式为:关系名(属性名 1,属性名 2,…,属性名 n),例如,该学生关系模式可以表示为:学生(学号,姓名,性别,年龄)。

学号	姓名	性别	年龄
01	张三	男	19
02	李四	女	20
03	王五	男	18
04	赵二	女	20

图6-4　学生关系图表

● 元组:在一个关系(二维表)中,每行为一个元组。一个关系可以包含若干个元组,但不允许有完全相同的元组。在 Microsoft Access 中,元组又称为记录。例如,图6-4的学生表中包含了4条记录。

● 属性:关系中的列称为属性。每一列都有一个属性名,在同一个关系中不允许有重复的属性名。

在 Microsoft Access 中,属性又称为字段。例如,图6-4的学生表包含了4个字段,分别是学号、姓名、性别和年龄字段。

● 域:是指属性(字段)的取值范围。例如,图6-4的学生表中各字段的取值范围可以设置为:学号字段为2个字符,姓名字段最多为10个字符,年龄字段为整数,性别字段只能是"男"或"女"。

● 键:也称为关键字,由一个或多个属性(字段)组成,用于唯一标识一个元组(记录)。例如,图6-4的学生表中的"学号"字段中存放的学号可以唯一标识每一个学生记录,因此"学号"字段可作为关键字。一个关系中可能存在多个关键字,如除学号外,身份证号也可以作为关键字,选出一个用于标识记录的关键字称为主关键字,其余关键字称为候选关键字。

● 面向对象模型:是一种新兴的数据模型,它采用面向对象的方法来设计数据库。面向对象模型的数据库存储对象是以对象为单位,每个对象包含对象的属性和方法,具有类和继承等特点。

三、任务实施

1. 启动 Microsoft Access 2010

执行"开始"→"所有程序"→"Microsoft Office"→"Microsoft Access 2010"菜单命令,即可启动 Access 2010,如图6-5所示。

图6-5　启动 Access 数据库

> **思考**
>
> 　Access 和 Word 、Excel 等作为 Office 办公软件套件之一,Access 是否有其他的打开方式。

2.创建数据库

　　启动后将打开 Access 2010 软件。选择"空数据库",在右下角输入数据库文件名,如"学生数据库.accdb",选择保存的路径。

　　单击创建按钮,数据库创建成功后将出现如图6-6 所示的界面。

图6-6　数据库创建成功后的界面

图6-7　存储数据表界面

3.创建表

　　单击"保存"按钮,弹出"另存为"对话框,将其表1 命名为"学生信息表",如图6-7 所示,单击"确定"按钮即可。

　　选中"学生信息表",单击右键,在弹出的快捷菜单中选择"设计视图"命令,打开表设计界面。

按照表6-1所示的数据表信息,进行"学生信息表"的创建,创建结果如图6-8所示。

表6-1 数据信息表

字段名	数据类型	字段大小
ID	自动编号	
学号	文本	10
姓名	文本	20
性别	文本	4
民族	文本	20
专业	文本	40
班级	文本	2
电话	文本	11
身份证号码	文本	18
出生日期	日期/时间	8
宿舍	文本	10
家庭住址	文本	100

图6-8 字段设置

4.修改表

①在表结构中插入字段。选中一行,单击右键,在弹出的快捷菜单中选择"插入行"命令,如图6-9所示,此时将在该行上面出现空白行,用户可以在这里为数据表添加字段。

图6-9　插入字段

②删除表结构中的字段。选中一行,单击右键,在弹出的快捷菜单中选择"删除行"命令,如图6-10所示,用户可删除字段。

图6-10　删除"出生日期"字段

5.设置主键

选中"学号"行,单击鼠标右键,在弹出的快捷菜单中选择"主键"命令,如图 6-11 所示,将其学号设置为主键,如图 6-12 所示。

图 6-11　设置主键　　　　　图 6-12　设置"学号"字段为主键效果图

6.输入表信息

双击左侧列表中的"学生信息表",或者选中"学生信息表",单击鼠标右键,在弹出的快捷菜单中选中"打开"命令可进行表信息的输入,如图 6-13 所示。

图 6-13　录入数据

7.其他表的建立

同"学生信息表"一样可以创建"学生成绩表"。

在数据库中,设计表并录入相关内容后一个简单的数据库就创建成功了。

任务二　利用视图查看数据表的信息

一、任务描述

小张将数据录入数据库后,发现数据表的信息很多,部分信息暂时不需要查看,小张想到了在数据库中有一项查询功能,于是准备用创建查询的方式查看学生信息表中的学号、姓名、专业、电话等信息。

二、任务实施

①打开数据库文件,单击"创建"选项卡的"查询"选项组中的"查询设计"按钮,如图6-14 所示。

图6-14　单击"查询设计"

②单击"查询设计"按钮后会弹出"显示表"对话框,如图6-15 所示。该对话框中显示了当前数据库中的所有数据表,选择要查询的表后,单击"添加"按钮,会将这个选中的表添加进"查询设计视图"窗口,如图6-16 所示,添加完成后,单击"关闭"按钮即可。

图6-15　"显示表"对话框　　　　　　　图6-16　"查询设计视图"窗口

③在如图6-16 所示的"查询设计视图"窗口中,设置需要查询的字段以及其他查询参数。可通过鼠标拖放字段的方式添加要查询的字段,也可通过"字段"列表框后的下拉按钮来选择需要的字段。

添加到设计表格中的字段、排序次序和条件(指定筛选的条件)决定了可以在查询结果中看到的内容。

④查询设计完成后,关闭"查询设计视图"窗口,系统会提示要求用户输入查询名,输入查询名后保存该查询即可。

在对象窗格中,鼠标左键双击欲运行的查询图标,或在欲运行的查询图标上单击鼠标右键,在弹出的快捷菜单中选择"打开"命令,如图6-17所示,均可运行查询。图6-18是运行上面所创建的查询结果。

图6-17　打开查询　　　　　　　　　　图6-18　查询结果

任务三　创建教职员工数据库

一、任务描述

学院领导给小张发布了一项任务,让他统计学院所有教职员工的相关信息,小张想到在Access数据库中刚好有一个"教职员工"的模板,于是采用数据库的方式进行数据库的创建,并保存各个教职员工的相关信息。

二、任务实施

①打开Access软件,依次单击"文件",新建后,在右窗格中双击"样本模板",如图6-19所示;选择"教职员"后,单击创建,数据库系统将自动创建相关的表和视图,如图6-20所示。

图 6-19 "样本模板"界面

图 6-20 教职员列表

②单击 ID 下面的"新建",弹出如图 6-21 所示"教职员详细信息"对话框。

图 6-21 "教职员详细信息"界面

③录入相关信息如图 6-22 所示。

图 6-22　录入教职员详细信息

④录入完成后单击右上角的"关闭"按钮，回到数据表的页面，如图 6-23 所示。

图 6-23　录入完成后教职员列表

若需要添加多名教职员信息，单击 ID 下面的"新建"继续重复录入工作。

知识拓展

以上填写都是常规信息，如图 6-21 所示的对话框中还可以填写"员工信息"和"紧急联系信息"。

在填写完员工的详细信息后（见图 6-22），单击"保存并新创建"按钮，弹出如图 6-21所示的对话框继续添加员工信息。

本章小结

数据库是按照数据结构来组织、存储和管理数据的仓库。采用数据库技术进行数据管理是当今的主流技术，它的核心是建立、管理和使用数据库。一般情况下，数据库系统（Database System，DBS）由数据库、数据库管理系统、计算机软硬件系统和数据库管理员组成。Microsoft Office Access 是由微软发布的一种将数据库引擎的图形用户界面和软件开发工具结合在一起的关系数据库管理系统。Microsoft Access 在很多地方得到广泛使用,如小型企业、大公司的部门。其用途主要体现在两个方面:一是用来进行数据分析,利用 Access 的查询功能,可以方便地进行各类汇总、平均等统计,并可灵活设置统计的条件;二是用来开发软件,如生产管理、销售管理、库存管理等各类企业管理软件,其最大的优点是易学。低成本地满足从事企业管理工作的人员的管理需要,通过软件来规范同事、下属的行为,推行其管理思想。当数据库过大或者数据库刷写频率过高时,尤其是当今更多应用是基于 Web技术背景下,Access 数据库性能会明显下降。因此,常常称其为是一种"小型"数据库。主流的数据库技术如 SQL、MySQL、Oracle、Sybase 等。

任务考核

一、单选题

1. Access 数据库属于(　　)数据库。
　 A. 层次模型　　　　　B. 网状模型　　　　　C. 关系模型　　　　　D. 面向对象模型

2. 打开 Access 数据库时,应打开扩展名为(　　)的文件。
　 A. mda　　　　　B. mdb　　　　　C. accdb　　　　　D. DBF

3. 关系数据库中的表不必具有的性质是(　　)。
　 A. 数据项不可再分　　　　　　　　　B. 同一列数据项要具有相同的数据类型
　 C. 记录的顺序可以任意排列　　　　　D. 字段的顺序不能任意排列

4. 不能退出 Access 的方法是(　　)。
　 A. 单击"文件"菜单/"退出"　　　　　B. 单击窗口右上角"关闭"按钮
　 C. ESC　　　　　　　　　　　　　　D. ALT + F4

5. Access 在同一时间,可打开(　　)个数据库。
　 A. 1　　　　　B. 2　　　　　C. 3　　　　　D. 4

6. 文本类型的字段最多可容纳(　　)个中文字。
　 A. 255　　　　　B. 256　　　　　C. 128　　　　　D. 127

7. DB、DBMS 和 DBS 三者之间的关系是(　　)。
　 A. DB 包括 DBMS 和 DBS　　　　　B. DBS 包括 DB 和 DBMS
　 C. DBMS 包括 DB 和 DBS　　　　　D. 不能相互包括

8. 下列关于信息和数据的叙述,正确的是(　　)。
　 A. 信息与数据只有区别没有联系　　　B. 信息是数据的载体
　 C. 信息是观念性的,数据是物理性的　　D. 数据就是信息

9. Access 表中字段的数据类型不包括(　　)。
　 A. 文本　　　　　B. 备注　　　　　C. 通用　　　　　D. 日期/时间

二、填空题

1. 二维表中每列称为_____,或称为关系的属性;二维表中每行称为_____,或称为关系的元组。

2. 当完成工作后,退出 Access 数据库管理系统可以使用的快捷键是_____。

3. DBMS 指的是_____。

4. DBMS 目前最常用的数据模型是_____。

5. 负责管理和维护数据库服务器的计算机专业人员称为_____。

第七章　计算机网络应用基础

　　计算机网络是通信技术与计算机技术相结合的产物,并且在不断发展中,随着 Internet (因特网)在全球范围的迅速普及,计算机网络正在对社会发展、经济结构乃至人们的生活方式产生深刻的影响与冲击。

　　本章主要介绍计算机网络的概念、功能、分类和计算机网络的拓扑结构,常用的网络设备,Internet 的概念、网络体系结构、TCP/IP 协议、IP 地址与域名等。

知识目标

◆　了解计算机网络的组成、发展历史、分类方法及拓扑结构。

◆　识别计算机网络传输介质。

◆　了解常用网络互连设备的功能。

◆　了解计算机网络通信协议的概念及作用。

◆　理解 IP 地址的概念、识记地址分类。

◆　了解域名结构。

◆　了解 WWW 服务、FTP 服务、邮件服务的原理及工作方式。

◆　理解 URL 的构成及作用。

◆　了解计算机网络安全面临的威胁、安全技术、计算机病毒的概念。

技能目标

◆　学会双绞线的制作。

◆　学会局域网配置。

◆　具备良好的网络安全意识。

任务一　计算机网络的定义与组成

一、计算机网络的概念

对"计算机网络"概念的理解和定义有多种版本,比较经典的定义是:利用通信线路和通信设备,将地理位置分散的、具有独立功能的多个计算机系统互联起来,通过软件和协议控制实现资源共享和数据通信的系统。一般企业级网络结构示意图,如图 7-1 所示。

图 7-1　一般企业级网络结构示意图

二、计算机网络的组成

从系统功能的角度看,计算机网络由通信子网和资源子网组成。通信子网负责底层数据链路建立、信号传输、数据转发;资源子网是高层应用的统称。从系统构成的角度看,计算机网络由硬件和软件两大部分组成。网络硬件包括主机、终端、传输介质、通信设备等;网络软件包括网络操作系统、网络通信协议、数据库系统、网络管理软件、网络工具软件、应用软件等。

1. 传输介质

传输介质是网络中信息传输的物理通道,常用的网络传输介质分为有线介质和无线介质两种。有线传输介质主要有双绞线、同轴电缆、光纤;无线传输介质主要有红外线、微波、激光、无线电、卫星等。现实生活中常见的双绞线、光纤是有线介质,WiFi是无线介质。

双绞线是由两根相互绝缘的铜线按一定的扭距扭绞而成的,共有4对8根铜导线。扭绞的目的是降低两根导线之间的电磁干扰。双绞线既可以传输数字信号,又可以传输模拟信号。用双绞线传输数字信号时,典型的数据传输率为10 Mbit/s和100 Mbit/s,也可高达1000 Mbit/s。按是否有屏蔽层又可以分为非屏蔽双绞线(UTP)和屏蔽双绞线(STP),如图7-2所示。计算机网络中最常用的是第5类双绞线。

（a）非屏蔽双绞线　　　　　（b）屏蔽双绞线

图7-2　非屏蔽双绞线和屏蔽双绞线

想 一 想

市面上双绞线的8根导线是全铜的吗?

知识拓展

制作双绞线时需要用专用网钳将8根导线按照一定线序压入RJ-45接头(水晶头)中。EIA/TIA 568B线序:白橙、橙、白绿、蓝、白蓝、绿、白棕、棕。

"bit/s"的意思是比特/每秒,是数据传输速率的单位,即每秒传输多少比特。

同轴电缆是在铜导线的外边有一层绝缘层,在绝缘层之外是金属屏蔽层,在屏蔽层之外有一层保护层,由于其芯线和屏蔽层同轴,因此称为同轴电缆,其形状与家用有线电视线路"闭路线"相似。同轴电缆可分为细同轴电缆(简称细缆)和粗同轴电缆(简称粗缆),如图7-3所示。细缆用于短距离基带传输数字信号;粗缆用于长距离传输模拟信号或数字信号。目前最新的布线标准已不再推荐使用同轴电缆。

图7-3　同轴电缆　　　　　图7-4　光纤实物图

光纤是光导纤维的简称。它由能传导光波的石英玻璃纤维外加保护层构成,一般分为3层:最内层是高折射率玻璃芯(芯径一般为50 μm或62.5 μm),其外为低折射率硅玻璃包层(直径一般为125 μm),最外层是加强用的树脂涂层。光纤电缆由一捆光导纤维组成,简称光缆。数据在光纤中是通过光信号的反射进行传输的,常用为850,1 310,1 550 nm这3

种波长的光信号。按所通过的光路数可分为单模光纤和多模光纤,单模光纤中只允许一条光纤直线传播,采用激光管(LD)作为光源,在无中继设备连接情况下,传输距离可达几十千米;多模光纤采用发光二极管(LED)作为光源,允许多条不同角度入射的光纤在一条光纤中传输,即有多条光路,在无中继设备连接的情况下,传输距离可达几千米。光纤实物如图7-4所示。

2.通信设备

在计算机网络中主要有数据传输设备和数据终端设备两种。数据传输设备处于网络"中间",负责数据的中间处理与转发,常用的有中继器、集线器、网桥、交换机、路由器等;数据终端设备处于网络的"终端",负责发送和接收数据,包括用户计算机、网卡、调制解调器等。

• 中继器(Repeater):用于连接两个网段,因为使用某种传输介质的传输距离是有限制的,故用中继器来放大、还原或增强信号能量,避免信号失真,如图7-5所示。

• 网桥(Bridge):用于连接多个网段,根据端口地址映射表进行数据帧的转发,也可以看成是多端口的中继器,这里的端口指网桥的端口,地址指的是物理地址,如图7-6所示。

• 交换机(Switch):分为二层交换机和三次层交换机,结构形式上与网桥相似,但二层交换机能在不同广播域转发数据,而且具备差错控制等功能,三层交换机还具备选择网络路径功能,比网桥功能要强得多,如图7-7所示。

• 路由器(Router):用于网络之间的连接,如LAN-LAN、LAN-WAN、WAN-WAN等,主要功能是根据一定的算法策略,在发送和接收节点之间选择网络路径并将数据进行转发,常用的路由算法有RIP(路由信息协议)和OSPF(开发最短路径优先)。此外,路由器还具有广播风暴抑制、流量控制等功能,如图7-8所示。

图7-5 中继器   图7-6 网桥   图7-7 交换机

图7-8 路由器背板

• 网卡:是网络接口卡(Network Interface Card,NIC)的简称,又称为网络适配器,是局域网中连接计算机和传输介质的接口,主要负责底层比特流的传输。网卡上装有处理器和存储器,可以实现串行/并行数据信号转换及数据缓存功能。在服务器上通常使用PCI或EISA总线的智能型网卡,工作站可采用PCI(见图7-9)或ISA总线的普通网卡,笔记本电脑使用PCMCIA总线的网卡(见图7-10)或采用并行接口的便携式网卡。PC机基本上已不再支持ISA连接,因此当为自己的PC机购买网卡时,千万不要选购已经过时的ISA网卡,而应当选购PCI网卡。每个网卡在出厂时就具备一个唯一的标识,即网卡地址符(又称为物理地址或MAC地址),由12位十六进制数组成,使用ipconfig命令可以查看所使用计算机的网卡地址,如图7-11所示。

图 7-9   PCI 网卡   图 7-10   PCMCIA 网卡

```
C:\WINDOWS\system32\cmd.exe                                        _ □ ×

Microsoft Windows XP [版本 5.1.2600]
<C> 版权所有 1985-2001 Microsoft Corp.

C:\Documents and Settings\Administrator>ipconfig /all

Windows IP Configuration

        Host Name . . . . . . . . . . . . : PC2011110709nyk
        Primary Dns Suffix  . . . . . . . :
        Node Type . . . . . . . . . . . . : Unknown
        IP Routing Enabled. . . . . . . . : No
        WINS Proxy Enabled. . . . . . . . : No

Ethernet adapter 无线网络连接:

        Connection-specific DNS Suffix  . :
        Description . . . . . . . . . . . : Intel<R> WiFi Link 5100 AGN
        Physical Address. . . . . . . . . : 00-1E-65-1D-BC-A6
        Dhcp Enabled. . . . . . . . . . . : Yes
        Autoconfiguration Enabled . . . . : Yes
        IP Address. . . . . . . . . . . . : 183.230.59.202
        Subnet Mask . . . . . . . . . . . : 255.255.252.0
        Default Gateway . . . . . . . . . : 183.230.56.1
        DHCP Server . . . . . . . . . . . : 183.229.2.164
        DNS Servers . . . . . . . . . . . : 218.201.21.132
                                            218.201.4.3
        Lease Obtained. . . . . . . . . . : 2013年6月13日 1:29:05
        Lease Expires . . . . . . . . . . : 2013年6月13日 1:59:05

Ethernet adapter 本地连接:

        Media State . . . . . . . . . . . : Media disconnected
        Description . . . . . . . . . . . : Marvell Yukon 88E8072 PCI-E Gigabit
Ethernet Controller
        Physical Address. . . . . . . . . : 00-23-8B-E2-ED-63

C:\Documents and Settings\Administrator>
```

图 7-11   使用命令查看网卡信息

> **知识拓展**
>
> 除了查看 MAC 地址外,还能查看 IP 地址等信息。
>
> 用户可以使用 Ping 命令检测当前网络连接是否正常。

3. 网络操作系统

网络操作系统(Network Operation System,NOS)是网络的心脏和灵魂,是能够控制和管理网络资源的特殊的操作系统。与一般的计算机操作系统不同的是:它在计算机操作系统下工作,使计算机操作系统增加了网络操作所需要的能力。网络操作系统安装在服务器的主机上,实现对网络用户的管理与服务,典型的网络操作系统有 UNIX、Linux、Windows 以及 Netware 系统等,如 Windows Server 2003 属于 Windows 系列网络操作系统,红帽 Linux、红旗 Linux 属于 Linux 系列网络操作系统,各种操作系统在网络应用中都有各自的优势,而实际应用却千差万别,这种局面促使各种操作系统都极力提供跨平台的应用支持。

4. 网络通信协议

网络上通过通信线路和设备互连起来的各种大小不同、厂家不同、结构不同、系统软件不同的计算机系统要能协同工作实现信息交换，必须具有共同的语言，即遵守事先约定好的规则：交流什么、怎样交流及何时交流。这些为计算机网络中进行数据交换而建立的关于信息格式、内容及传输顺序等方面的规则、标准或约定的集合统称为网络协议（Protocol）。通信双方只有遵循相同的物理和逻辑标准，才能实现互通互访。例如，网络中一个微机用户和一个大型主机的操作员进行通信，由于这两个数据终端所用字符集不同，因此操作员所输入的命令彼此互不认识。为了能进行通信，规定每个终端都要将各自字符集中的字符先变换为标准字符集的字符后，才进入网络传送，到达目的终端之后，再变换为该终端字符集的字符。当然，对于不相容终端，除了需变换字符集字符外，其他特性，如显示格式、行长、行数、屏幕滚动方式等也需作相应的变换。计算机网络通信协议由语法、语义、语序三要素组成，计算机网络中的通信协议成千上万，常用的网络协议有 NETBEUI、IPX/SPX、TCP/IP 等，而目前使用最广泛的 Internet 是基于 TCP/IP 协议的网络。计算机系统中安装了 TCP/IP 协议后才能使用 Internet。

注意
TCP/IP 代表的是因特网上成千上万种协议，所以经常称之为 TCP/IP 协议簇。

任务二　计算机网络的发展历程

计算机网络发展经历了以下 4 个阶段：

第一阶段：20 世纪 50 年代，面向终端的计算机通信网，其特点是以单个计算机为中心连接多个远程终端。

第二阶段：20 世纪 60 年代末，多个自主功能的主机通过通信线路互连，形成资源共享的计算机网络，其特点是计算机与计算机互联通信。

第三阶段：20 世纪 70 年代末，实现更大范围的网络互联，其特点是国际标准化。

第四阶段：20 世纪 80 年代末，向高速、智能化方向发展的计算机网络，以物联网、云计算为代表。

一、计算机网络在世界范围的发展

20 世纪 60 年代，美国国防部高级研究计划署（Advanced Research Project Agency，ARPA"阿帕"）研究构建了 ARPAnet（阿帕网），从建立之初的 4 个结点发展到 1983 年的 100 多个结点，通过有线、无线与卫星通信线路基本覆盖了美国本土。ARPAnet 之后分离成两支：一支留作军用，另一支供研究机构用并发展成为现在的 Internet。可以说，ARPAnet 是计算机网络技术发展的一个重要里程碑。

20 世纪 70 年代末,人们发现了计算机网络发展中出现的困惑或者说是危机,那就是网络体系结构与协议标准的不统一限制了计算机网络自身的发展和应用,不同厂商遵循的技术标准存在较大差异,导致很难实现互通互访。为此,国际标准化组织(International Organization for Standardization, ISO)成立了专门机构,研究和制定网络通信标准,以实现网络体系结构的标准化。1984 年 ISO 正式颁布了"开放系统互联参考模型"(Open System Interconnection Reference Model,OSI/RM)的国际标准,即著名的 OSI 七层模型。很多大的计算机厂商相继宣布支持 OSI 标准,并积极研究和开发符合 OSI 标准的产品。

目前存在两种占主导地位的网络体系结构:一种是 ISO 制定的国际标准 OSI/RM,另一种是 Internet 使用的事实上的工业标准 TCP/IP RM(TCP/IP 参考模型)。前者将计算机网络体系结构由低到高描述为物理层、数据链路层、网络层、传输层、会话层、表示层、应用层共 7 层;后者则将计算机网络体系结构由低到高描述为主机-网络层(或网络接口层)、互联层(或网际互联层)、传输层和应用层(或用户层)共 4 层,如图 7-12 所示。两种体系结构对照及各层次使用的主要协议如图 7-13 所示。

图 7-12　OSI/RM 层次结构示意图

图 7-13　两种体系结构对照及各层次使用的主要协议

二、计算机网络在中国的发展

20 世纪 80 年代末至 90 年代初,我国基本完成以分组交换为主要特征的网络基础设施建设。1996 年,建成 4 个基于 Internet 技术并可以和 Internet 互联的全国性公共计算机骨干网络,即中国公用计算机互联网(ChinaNET)、中国教育科研网(CerNET)、中国科学技术网(CstNET)、中国金桥信息网(ChinaGBN)。到 2004 年,新增了中国联通网、中国网通公用网、中国移动网、中国国际经济贸易网等公用计算机网络。

任务三　计算机网络的分类

一、按网络的地理覆盖范围分类

1. 局域网

局域网(Local Area Network,LAN)是在局部范围内构建的网络,其覆盖范围在几米至几千米,一般约为 10 km,属于一个部门或单位组建的小范围网络。一般学校的数字化校园网、企业办公网络、学生宿舍网均属于局域网。局域网具有传输速率高、误码率低等特点。

2. 广域网

广域网(Wide Area Network,WAN)是一种跨越较大地域的网络,其范围可跨越城市、地区甚至国家。覆盖范围在几百千米至几万千米不等。一个国家的公用网络是广域网,目前全球最大的广域网是 Internet(因特网)。

3. 城域网

城域网(Metropolitan Area Network,MAN)的规模介于局域网与广域网之间,其范围可覆盖一个城市或者地区,一般为几千米至几十千米。城域网的设计目标是:构建城市骨干网,向城市内的机关、工厂、小区提供网络接入服务。

二、按网络拓扑结构分类

计算机及通信设备在网络中的物理布局称为网络拓扑结构,借用"拓扑学"的原理,用点和线的连接反映网络的连接形状,其中计算机及通信设备是拓扑结构中的结点,而传输介质是拓扑结构中的连线,两个结点间的连线称为链路。网络拓扑可反映网络各个实体之间的结构关系,有星型、总线型、环型、树型和网状型,其中星型、总线型、环型是3种基本的拓扑结构。

● 总线型:总线型结构如图7-14(a)所示。网络中的所有结点均连接到一条称为总线的公共线路上,所有的结点共享同一条数据通道,结点间通过广播进行通信。

● 环型:环型结构如图7-14(b)所示。各结点通过链路连接,在网络中形成一个首尾相连的闭合的环路,信息在环中做单向流动,通信线路共享。

● 星型:星型是局域网组网中最常用的拓扑结构,如图7-14(c)所示。以一台设备为中央结点,其他外围结点都与中心结点相连,各外围结点之间的通信必须通过中央结点进行。中心结点可以是服务器或者专门的设备(如集线器Hub、交换机Switch)。

图7-14 计算机网络的3种基本拓扑结构

● 树型和网状型:树型和网状型可以看成是以上3种基本结构的延伸或组合。

任务四 全球最大的广域网——Internet

Internet也称为"因特网"或"国际互联网",是一个基于TCP/IP协议簇并把各个国家、各个部门、各种机构的内部网络以及个人计算机连接起来的全球性数据通信网,是目前规模和使用人群最大的互联网络。

一、IP地址、子网掩码与域名

为了实现Internet上不同计算机之间的通信,除了使用相同的通信协议TCP/IP之外,每台计算机都必须有一个不与其他计算机重复的标识,好比每个公民都有唯一的身份证号码,这种便于网络中识别定位的标识称为IP地址。有IPv4、IPv6两种版本的IP地址,前者共有32位(bit)、后者共有128位。

1. IP 地址的组成

IP 地址用二进制表示共有 32 位,按"8 位一段"共 4 段,即 4 个字节,如 11001110 10111010 11111001 10000111,由网络号和主机号两部分组成,网络号用来标识一个网络(该节点属于哪个网络);主机号用来标识相应网络上的某一台主机。

由于二进制不易记忆,IP 地址通常用点分十进制方式表示。就是将 32 位的 IP 地址中的每 8 位(一个字节)分别换算为十进制数字表示,每个十进制数之间用小数点分隔。例如,上述的二进制 IP 地址用点分十进制方式可以表示为:206.186.249.135,相对于二进制形式,这种表示要直观得多,便于阅读和理解。

知识拓展

归纳一下,IP 地址中涉及换算时的法则是"八位一段、八位一算"。

2. IP 地址的分类

IP 地址分为 A、B、C、D、E 共 5 类。其中,A、B、C 类可供申请分配给企业机构、组织或用户使用,D、E 类地址为组播地址或保留地址。各类地址有效范围如下:

A 类:1.0.0.0 ~ 127.255.255.255;
B 类:128.0.0.0 ~ 191.252.255.255;
C 类:192.0.0.0 ~ 223.255.255.255;
D 类:224.0.0.0 ~ 239.255.255.255;
E 类:240.0.0.0 ~ 255.255.255.255。

知识拓展

A 类 IP 第一个字节部分表示网络号,后 3 个字节部分是主机号,并且最高的 1 位必须是 0;B 类 IP 前两个字节部分是网络号,后两个字节部分表示主机号,并且最高 2 位必须是 10;C 类 IP 前 3 个字节部分是网络号,后一个字节部分表示主机号,并且最高的 3 位必须是 110。

3. 子网掩码

出于对管理、性能和安全方面的考虑,把单一的物理网络划分成多个逻辑网络,并使用路由器将它们连接起来,这些逻辑网络统称为子网。划分子网的方法是:将主机号部分"借出"一定的位数用作标识本网的各个子网,其余的主机号部分仍用作标记相应子网的主机,这样,IP 地址就由 3 个部分组成,即网络号、子网号和主机号。通常用子网掩码来确定主机是属于哪个子网的,子网掩码也是一个 32 位的二进制地址格式,取值通常是将对应于 IP 地址中网络地址(网络号和子网号)的位都置为"1",对应于主机地址(主机号)的位都置为"0"。标准的 A、B、C 类地址的默认子网掩码(或者标准子网掩码),见表 7-1。

表7-1　A、B、C类地址的默认子网掩码(或者标准子网掩码)

地址类型	子网掩码十进制表示
A	255.0.0.0
B	255.255.0.0
C	255.255.255.0

4.域名

IP地址是一种数字型的地址,存在不便记忆的缺点。为此,人们研究出一种字符型的主机地址表示机制,即用一个有一定含义或者容易解释的名字来标识主机,这就是域名。例如,重庆机电职业技术学院的服务器主机的域名为www.cqevi.net.cn。域名与IP地址是对应的,访问Internet上的主机时,既可用IP地址也可用域名,假如重庆机电职业技术学院服务器主机的IP是211.211.220.220,在浏览器地址栏中输入"http://www.cqevi.net.cn"或者"http://211.211.220.220"都能访问学院主页,效果是一样的。

目前使用的域名是一种层次型命名结构,由若干子域名按规定的顺序连接,每一级别的域名都由英文字母和数字组成(不超过63个字符,不区分大小写),级别从左到右逐渐增高,并用圆点隔开,完整的域名不超过255个字符,形式如下:

主机名.N级子域名.……二级子域名.顶级域名(2 ≤ N ≤ 5)

顶级域名有两种变现形式:一种是由国家或地区代码的字母简称,见表7-2;另一种是与机构性质有关的通用国际域名,见表7-3。

表7-2　部分国家和地区的顶级域名

顶级域名	国家(地区)	顶级域名	国家(地区)
cn	中国	uk	英国
fr	法国	jp	日本
de	德国	au	澳大利亚
ca	加拿大	kr	韩国
it	意大利	hk	中国香港
Ru	俄罗斯	Tw	中国台湾
⋮	⋮	⋮	⋮

表7-3　以机构性质划分的顶级域名

顶级域名	机构性质	顶级域名	机构性质
com	商业实体	info	信息服务业实体
edu	教育机构	nom	个人活动的个体
gov	政府部门	rec	休闲娱乐业实体
int	国际组织	store	商业企业
mil	军事机构	Web	Web相关业务实体
net	互联网络	⋮	⋮
org	非盈利组织	⋮	⋮

二、WWW 服务

WWW(World Wide Web)万维网,简称 3W 或 Web,是一个分布式的超媒体系统,方便用户在 Internet 上检索和浏览信息的一种广域信息发现技术和信息查询工具。日常生活中上网浏览网页依托的就是这个服务。采用浏览器/服务器体系结构(B/S 模式),由 Web 服务器和 Web 客户端浏览器两部分组成,服务器负责对各种信息按照超文本的方式组织,形成文件存在服务器上,这些文件或内容的链接由 URL 来确定。浏览器安装在用户的计算机上,用户通过浏览器向 Web 服务器提出请求,服务器负责向用户发送该文件,当用户接收到文件后,解释该文件并显示在客户端上。在 WWW 服务中应用的技术或者概念如下:

● 超文本(Hyper Text):是一种全局性的信息结构,其信息组织形式不是简单地按照顺序排列,而是将文档中的不同部分通过关键字建立链接,当鼠标的光标移到这些链接上时,光标形状会变成一个手掌状,这时点击鼠标就会从这一网页跳转到另一网页上,这种链接关系称为"超链接",可以链接的有文本、图像、动画、声音、影像或者页面。

● 主页(Homepage):是指个人或者机构的基本信息页面,通常是用户使用万维网访问 Internet 上的任何 WWW 服务器所看到的首页。它包含了链接同一站点其他项的指针,也包含了到别的站点的链接。

● 超文本传输协议(HTTP):WWW 所使用的通信协议是超文本传输协议(Hyper Text Transfer Protocol,HTTP),它能够传输任意类型的数据对象,从而成为 Internet 中发布多媒体信息的主要协议。

● 统一资源定位符(URL):URL(Uniform Resource Locator)被称为"固定资源位置"或者"统一资源定位器",用来指定 Internet 或 Intranet(内联网)中信息资源的位置。URL 的描述格式为协议类型://主机地址:端口号/路径/文件名,默认情况下,使用 HTTP 协议访问时使用 80 号端口。例如,http://www.cctv.com.cn/jrsf.htm,客户端程序首先看到 HTTP 协议,便知道处理的是 HTML 链接,使用 80 号端口,接下来是主机地址 www.cctv.com.cn,最后要访问的文件是 jrsf.htm。

● 超文本标记语言(HTML):是 WWW 上用于创建超文本链接的基本语言,主要用于创建和制作网页。用浏览器打开网页后,点击浏览器菜单栏"查看"→"源文件"(或者"源代码"),即可看到该页面对应的 HTML 文档。HTML 文档的后缀是.html 或者.htm。

如访问新浪网的主页,使用的就是新浪网的 WWW 服务,在网址栏中输入 www.sina.com.cn,点击链接或转到即打开主页面(见图 7-15)。这里的 www.sina.com.cn 就是新浪网的 URL,定位新浪主页在 Internet 中的位置,并用超媒体技术链接。

图 7-15　使用 WWW 服务访问新浪网

三、电子邮件服务

电子邮件(Electronic Mail,E-mail)是 Internet 上使用最频繁、应用最广泛的一种服务。采用客户/服务器体系结构(C/S 模式),用户通过注册,向邮件服务器申请空间,发送方和接收方均要通过邮件服务器的转发完成邮件的传送。用户按照一定的格式写好邮件点击发送,计算机网络将使用 SMTP(简单邮件传输协议)协议将邮件传到相应的本地邮件服务器(如新浪、网易),继续使用 SMTP 在服务器之间转发直到接收方所在的邮件服务器;接收方登录邮箱后,使用 POP(邮局协议,当前版本是 POP3)协议从服务器中将邮件复制到本地计算机磁盘中。

电子邮件地址由用户名和邮件服务器的主机名(包括域名)组成,中间用@隔开,其格式为:Username@ Hostname. Domainname。

四、文件传输服务

在 Internet 中,文件传输是一种高效、快速传输大量信息的方式,通过网络可以将文件从一台计算机传输到另一台计算机。采用客户/服务器体系结构(C/S 模式),文件传输协议(FTP)负责将文件可靠的传输,用户将文件从自己的计算机上发送到另一台计算机上,称为 FTP 上传(Upload);用户将服务器中共享软件和资料传到客户端上,称为 FTP 下载

（Download）。

通常，一个用户必须在 FTP 服务器进行注册，即建立合法的用户账号，拥有合法的用户名和密码后，才有可能进行有效的 FTP 连接和登录。但是，为了方便用户，目前大多数提供公共资源的 FTP 服务器都提供了一种称为匿名 FTP 的服务。因特网用户可以随时访问这些匿名服务器而不需要事先申请用户账号，用户可以使用"anonymous"作为用户名，用户的电子邮件地址作为口令，即可进入服务器。为了保证 FTP 服务器的安全性，几乎所有的 FTP 匿名服务只允许用户浏览和下载文件，而不允许用户长传文件或修改服务器上的文件。目前主流的下载工具基于 3 类协议：P2P 协议，代表软件有迅雷、QQ 旋风、网际快车、网络蚂蚁等；BT 协议，代表软件有 Bitcomet、bittorrent 等；ED2K 协议，代表软件有电驴等。

五、电子商务

电子商务是指交易当事人或参与人利用现代信息技术和计算机网络（包括互联网、移动网络和其他信息网络）所进行的各类商业活动，包括货物交易、服务交易和知识产权交易。

在现代信息社会中，电子商务可以使掌握信息技术和商务规则的企业和个人，系统地利用各种电子工具和网络，高效率、低成本地从事各种以电子方式实现的商业贸易活动。从应用和功能方面来看，可以把电子商务分为 3 个层次（或 3S），即 SHOW、SALE、SERVE。

1. 电子商务的层次

（1）展示（SHOW）

展示就是提供电子商情。企业以网页方式在网上发布商品及其他信息，在网上做广告等。通过展示，企业可以树立自己的企业形象，扩大企业的知名度，宣传自己的产品服务，寻找新的贸易合作伙伴。

（2）交易（SALE）

交易即将传统形式的交易活动的全过程在网络上以电子方式来实现，如网上购物等。企业通过它可以完成交易的全过程，扩大交易范围，提高工作效率，降低交易成本，从而获取经济效益和社会效益。

（3）服务（SERVE）

服务是指企业通过网络开展的与商务活动有关的各种售前和售后服务。通过这种网上服务，企业可以完善自己的电子商务系统，巩固原有的客户，吸引新的客户，从而扩大企业的经营业务，获得更大的经济效益和社会效益。企业是开展电子商务的主角。

2. 电子商务应用的类型

（1）企业内部电子商务

企业内部电子商务即企业内部之间，通过企业内部网（Intranet）的方式处理与交换商贸信息。企业内部网是一种有效的商务工具,通过防火墙,企业将自己的内部网与互联网隔离,它可以用来自动处理商务操作及工作流,增强对重要系统和关键数据的存取,共享经验,共同解决客户问题,并保持组织间的联系。通过企业内部的电子商务,可以增加商务活动处理的敏捷性,对市场状况能更快地作出反应,能更好地为客户提供服务。

（2）企业间的电子商务

企业间的电子商务即企业与企业（Business-Business）之间,通过互联网或专用网方式进行电子商务活动。企业间的电子商务是电子商务3种模式中最值得关注和探讨的,因为它最具有发展的潜力。具有代表性的有阿里巴巴、慧聪网、中国制造网、中国供应商、敦煌网、一呼百应、八方资源网、网络114、勤加缘网等。

（3）企业与消费者之间的电子商务

企业与消费者之间的电子商务（简称为B-C模式）即企业通过互联网为消费者提供一个新型的购物环境——网上商店,消费者通过网络进行网上购物、网上支付。由于这种模式节省了客户和企业双方的时间和空间,大大提高了交易效率,节省了不必要的开支,网上购物已成为电子商务的一个最热闹的话题。具有代表性的有京东商城、天猫（原淘宝商城）、当当网、卓越亚马逊、QQ商城、拍拍商城、爱奇艺商城等。

任务五　新兴网络通信技术及应用

一、蓝牙

蓝牙（Bluetooth）是一种支持设备短距离通信（一般是10 m之内）的无线电技术,能在包括移动电话、PDA、无线耳机、笔记本电脑、相关外设等众多设备之间进行无线信息交换。蓝牙遵循的协议标准是IEEE802.15,工作在免费的2.4 GHz频带,带宽为1 MiB/s。

蓝牙无线技术的主要特点在于:功能强大、耗电量低、成本低廉。蓝牙核心系统包括射频收发器、基带及协议堆栈。该系统可以提供设备连接服务,并支持在这些设备之间交换各种类别的数据。

蓝牙的创始人是瑞典爱立信公司,爱立信早在1994年就对其已进行研发。1998年2月,5家跨国大公司,包括爱立信、诺基亚、IBM、东芝及Intel组成了一个特殊兴趣小组（SIG）,他们共同的目标是建立一个全球性的小范围无线通信技术,即现在的蓝牙。

Bluetooth SIG（蓝牙技术联盟）是一家贸易协会,由电信、计算机、汽车制造、工业自动化和网络行业的领先厂商组成。该小组致力于推动蓝牙无线技术的发展,为短距离连接移动设备制定低成本的无线规范,并将其推向市场。Bluetooth SIG在全球设立了办事处,包括美国西雅图(全球总部)、美国堪萨斯市(美国总部)、瑞典马尔默市(欧洲、中东和非洲地区(EMEA)总部)、中国香港特别行政区(亚太区总部)。

互联网和移动通信的迅速发展,使人们对计算机以外的各种数据源和网络服务的需求迅速增长。蓝牙作为一个全球开放性无线应用标准,通过把各种语音和数据设备用无线链路连接起来,使人们能够随时随地实现个人区域内语音和数据通信的交换与传输,随着技术的发展和完善,蓝牙必将对人们的生活和工作产生重大影响。

二、4G 通信

4G 是第四代移动通信及其技术的简称,即 Fourth Generation,是集 3G 与 WLAN(无线局域网)于一体,并能够传输高质量视频图像以及图像传输质量与高清电视不相上下的技术产品。4G 系统能够以 100 Mbit/s 的速度下载,比拨号上网快 2 000 倍,上传的速度也能达到 20 Mbit/s,并能满足几乎所有用户对于无线服务的要求。而在用户最为关注的价格方面,4G 与固定宽带网络在价格方面不相上下,而且计费方式更加灵活机动,用户完全可以根据自身的需求确定所需的服务。

在移动通信领域,每 10 年就发生一次革命性变化。20 世纪 80 年代的第一代模拟移动通信系统和 90 年代的第二代蜂窝移动通信系统主要用于话音业务和支持电路交换类型的业务,这两代系统的空中接口速率只有几百 Kbit/s。第三代 3G 系统在室内环境下能提供 2 MiB/s 的速率,在车载情况下速率至少为 144 Kbit/s。尽管 3G 系统标准比现有无线技术更强大,但也将面临竞争和标准不兼容等问题。人们呼吁移动通信标准的统一,期望通过第四代移动通信标准的制定来解决兼容问题。4G 应具有更高的数据率和频谱利用率;更高的安全性、智能性和灵活性;更高的传输质量和服各质量(QoS)。4G 系统应体现移动与无线接入网及 IP 网络不断融合的发展趋势。因此,4G 系统应当是一个全 IP 的网络。

现在国际上总共有 5 种 4G 标准:LTE 技术标准、LTE-Advanced 技术标准、WiMax 技术标准、HSPA + 技术标准、Wireless MAN-Advanced 技术标准。美国和日本等地大多使用 LTE 技术标准,LTE 也被通俗地称为 3.9G(准 4G),具有 100 Mbit/s 的数据下载能力,被视作从 3G 向 4G 演进的主流技术。而在我国,中国移动致力于 TD-LTE 的 4G 网络,中国联通可能发展更快速的 R7 版本 HSPA +4G 技术,中国电信暂时停留于 CDMA20001x-evdo 技术。

三、云计算技术

云技术是指实现云计算的一些技术,包括虚拟化、分布式计算、并行计算等。云计算除了技术之外更多的是指一种新的 IT 服务模式,也就是说,云计算 30% 是指技术,70% 是指模式。

云计算(Cloud Computing)最基本的概念:透过网络将庞大的计算处理程序自动分拆成

无数个较小的子程序,再交由多部服务器所组成的庞大系统经搜寻、计算分析之后将处理结果回传给用户。透过这项技术,网络服务提供者可以在数秒之内,达成处理数以千万计甚至亿计的信息,达到和"超级计算机"同样强大效能的网络服务。

最简单的云计算技术在网络服务中已经随处可见,如搜寻引擎、网络信箱等,使用者只要输入简单指令即能得到大量信息。当前,云计算技术目前主要在云物联(物联网)、云安全和云存储3个方面研究发展。

本章小结

计算机网络从组成形式上由硬件系统与软件系统构成,其中硬件系统主要包括传输介质与通信设备;软件系统主要指网络操作系统与网络协议。传输介质分为有线传输介质与无线传输介质两大类。通信设备分为数据传输设备和数据终端设备。网络操作系统是能够控制和管理网络资源的特殊的操作系统,使计算机操作系统增加了网络操作所需的能力。为计算机网络中进行数据交换而建立的关于信息格式、内容及传输顺序等方面的规则、标准或约定的集合统称为网络协议,通信双方只有遵循相同的物理和逻辑标准,才能实现互通互访。计算机网络通信协议由语法、语义、语序三要素组成。20世纪60年代的阿帕网(ARPAnet)是计算机网络技术发展的一个重要里程碑,在全球范围内计算机网络共经历了4个发展阶段,当前我们正处于高速、智能化的第四个阶段。可以从多种角度对计算机网络进行分类划分,但常见的是按网络的地理覆盖范围划分为局域网、城域网和广域网;按网络的拓扑结构可分为星型、总线型、环型、树型和网状型。Internet是全球最大的广域网,通过IP地址标识用户主机,用户通过IP地址或域名访问Internet并获取相关服务。随着以4G技术为代表的通信技术的发展,计算机网络将更趋于智能化。

拓展训练

一、双绞线的制作。
二、简单局域网的连接配置。
三、以Dreamweaver 8.0软件为工具制作简单网页。

任务考核

一、单选题

1.IP地址总共分为(　　)类。
　A.3　　　　　　　B.4　　　　　　　C.5　　　　　　　D.6
2.双绞线传输介质是把两根导线绞在一起,这样可以减少(　　)。

A. 信号传输时的衰减　　　　　　　　　　B. 外界信号的干扰

C. 信号向外泄露　　　　　　　　　　　　D. 信号之间的相互串扰

3. OSI/RM 是由(　　　)提出的。

A. ISO　　　　　　B. ITU　　　　　　C. IEEE　　　　　　D. Internet

4. 同一个信道上的同一时刻,能够进行双向数据传送的通信方式是(　　　)。

A. 单工　　　　　　B. 半双工　　　　　　C. 全双工　　　　　　D. 上述 3 种均不是

5. MAN 是(　　　)的英文缩写。

A. 局域网　　　　　　B. 广域网　　　　　　C. 城域网　　　　　　D. 互联网

6. 在下列哪个范围内的计算机网络可称之为局域网? (　　　)

A. 在一个楼宇　　　　B. 在一个城市　　　　C. 在一个国家　　　　D. 在全世界

7. 把邮件服务器上的邮件读取到本地硬盘中,使用的协议是(　　　)。

A. SMTP　　　　　　B. POP3　　　　　　C. SNMP　　　　　　D. HTTP

8. 简单邮件传输协议为(　　　)。

A. HTTP　　　　　　B. FTP　　　　　　C. Telnet　　　　　　D. SMTP

9. TCP/IP 参考模型中,位于应用层和网际互联层之间的是(　　　)。

A. 网络接口层　　　　B. 传输层　　　　　　C. 网络层　　　　　　D. 会话层

10. 下列不属于常用计算机网络有线传输介质的是(　　　)。

A. 卫星通信　　　　　B. 光纤　　　　　　C. 双绞线　　　　　　D. 同轴电缆

11. 下面(　　　)是正确的电子邮箱地址。

A. dzgc. sina. com　　B. dzgc ⊕ sina. com　　C. dzgc. sina@ com　　D. dzgc@ sina. com

12. 根据域名系统的约定,www. 163. net 表示的域名类型是(　　　)。

A. 教育机构　　　　　B. 商业组织　　　　　C. 互联网络组织　　　　D. 军事组织

13. 使用 WWW 服务在因特网上浏览网页基于的应用层协议是(　　　)。

A. STMP　　　　　　B. FTP　　　　　　C. HTTP　　　　　　D. TCP

14. 调制解调器(Modem)俗称"猫",下列描述正确的是(　　　)。

A. 为了使上网与接听电话同时进行

B. 将计算机的数字信号转换成模拟信号

C. 将模拟信号转化成计算机可识别的数字信号

D. 在发送端,将数字信号转换为模拟信号(调制);在接收端,将模拟信号转换为数字信号(解调)

二、判断题

1. 网络域名地址一般都通俗易懂,域名长度不限制。　　　　　　　　　　(　　　)

2. IPv6 地址由 128 位二进制数组成。　　　　　　　　　　　　　　　　(　　　)

3. 因特网协议只采用 TCP 协议和 IP 两个协议。　　　　　　　　　　　(　　　)

4. 利用电话线路传输数据信号时,必须使用调制解调器。　　　　　　　　(　　　)

5. 计算机病毒是人为编制的具有破坏性的程序。　　　　　　　　　　　　(　　　)

6. 防火墙是万能的,可以保证内网的绝对安全。　　　　　　　　　　　　(　　　)

7.人们可以在网络上任意发表言论或消息,不受法律约束。　　　　　　　(　　)

8.匿名访问文件服务器的账号是 anonymous,密码为电子邮件地址。　　　(　　)

三、填空题

1.IPv4 地址由_____和_____组成共,_____位二进制数。

2.HTTP 协议是指_____协议。HTML 是_____语言,由其编写的文档后缀是_____。

3.URL 的中文含义是_____,由_____、_____、_____及文件名构成。

4.计算机网络最核心的功能是_____和_____。

5.计算机病毒的特征有_____、_____、_____、_____、_____等。

6.计算机网络传输介质分为有线介质和无线介质,有线传输介质有:_____、_____、_____;无线传输介质有:_____、_____、_____等。

第八章　计算机多媒体基础知识

本章主要介绍多媒体、多媒体技术及流媒体的基本概念,掌握计算机多媒体的处理方法。

知识目标

◆　理解多媒体、多媒体技术及流媒体的概念。
◆　掌握计算机多媒体的处理方法。

技能目标

◆　学会使用 Windows 7 系统多媒体声音的处理方法。
◆　学会使用 Windows 7 系统多媒体播放器。
◆　学会图像的基本处理方法。

任务一　计算机多媒体声音的处理方法

一、任务描述

小李需要在 Windows 7 系统中设置录音设备及录音效果调试,应如何实现?

二、任务准备

1.多媒体的概念

现在,人们常接触的报刊、书籍、电话、广播、电影、电视等就是各种媒体的不同表现。

媒体(Media)是信息的表示和传输的载体。

多媒体是融合两种或两种以上媒体的一种人机交互式信息交流和传播媒体。多媒体是计算机技术和媒体数字化的产物,它不仅属于媒体范畴,也属于技术范畴。从一般意义上讲,多媒体就是指多媒体技术,多媒体与多媒体技术是一个统一的整体。

多媒体技术,即是计算机交互式综合处理多媒体信息——文本、图形、图像、声音、音频等,使多种信息建立逻辑连接,集成为一个具有交互性的系统。

多媒体技术强调的是交互式综合处理多种媒体的技术,因此,它具有3种最重要的特征:

①信息媒体多样性。信息媒体多样性即计算机所能处理的信息的范围从传统的数值、文字、静止图像扩展到声音和视频信息。

②集成性(或综合性)。集成性即计算机能以多种不同的信息形式综合地表现某个内容,取得更好的效果。

③交互性。交互性即人们可以操纵和控制多媒体信息,使获取和使用信息变被动为主动。

2. 多媒体系统组成

多媒体计算机(Multimedia Personal Computer, MPC)是指能够综合处理文字、图形、图像、声音、视频、动画等多种媒体的信息,使多种媒体建立联系并具有交互能力的计算机。多媒体计算机实际上是对具有多种媒体处理能力的计算机系统的统称。

与普通的计算机系统一样,多媒体计算机系统由硬件系统和软件系统组成。

(1)多媒体硬件系统

多媒体硬件系统由主机、多媒体外部设备接口卡和多媒体外部设备构成。常见的主机就是计算机,计算机连接着多种外部设备,如声卡、视频压缩卡、VGA/TV 转换卡、视频捕捉卡、视频播放卡和光盘接口卡等。多媒体外部设备十分丰富,按其视频和音频输入功能来讲,多媒体外部设备包括摄像机、录像机、影碟机、扫描仪、话筒、录音机、激光唱盘和 MIDI合成器等;视频/音频输出设备包括显示器、电视机、投影电视、扬声器、立体声耳机等。

(2)多媒体软件系统

多媒体软件系统按功能可分为系统软件和应用软件。多媒体系统软件主要包括多媒体操作系统、媒体素材制作软件及多媒体函数库、多媒体创作工具与开发环境、多媒体外部设备驱动软件和驱动器接口程序等。应用软件是在多媒体创作平台上设计开发的、面向应用领域的软件系统,如教育软件、电子图书等。

3. 多媒体信息数字化

多媒体系统需要将不同的媒体数据表示成统一的信息流,然后对其进行交换、重组和分析处理,以便进行进一步的存储、传送、输出和交互控制。多媒体的关键技术主要集中在数据压缩和解压缩技术,在保证图像和声音质量的前提下,必须广泛利用数据压缩技术,解决多媒体海量数据的存储、传输和处理问题。

信息的表示主要分为模拟方式和数字方式。在多媒体技术中,信息均采用数字方式。

4.数据压缩和解压缩技术

数字化的声音和图像数据量非常大,例如,一分钟的声音信号为:660 Kbit~10 Mbit;一幅 1024×768 像素的真彩色图像约为 2.25 Mbit;1 s 全活动视频画面约为 22 Mbit。在未压缩的情况下,实现动态视频及立体声的实时处理,对目前的计算机来说是无法实现的。因此,必须对多媒体信息进行实时压缩和解压缩。

数据压缩技术包括图像、视频和音频信号的压缩,文件存储和利用。图像压缩一直是技术热点之一,是计算机处理图像和视频以及网络传输的重要基础。目前 ISO 制定了两个压缩标准,即 JPEG 和 MPEG,同时使计算机实时处理音频、视频信息,以保证播高质量的视频、音频节目。

数据压缩技术与多媒体技术的发展是相辅相成的。数据压缩的实质是在满足还原信息质量要求的前提下,采用代码转换或消除信息冗余量的方法来实现对采样数据量的大幅缩减。

与数据压缩相对应的处理称为解压缩,又称数据还原。它是将压缩数据通过一定的解码算法还原到原始信息的过程。通常,人们把包括压缩与解压缩内容的技术统称为数据压缩技术。

研究结果表明,选用合适的数据压缩技术,有可能将原始文字数据量压缩到原来的 1/2 左右,语音数据量压缩到原来的 1/10~1/2,图像数据量压缩到原来的 1/60~1/2。

对声音数据的压缩,一般采用去掉重复代码和去掉声音数据中的无声音信号序列两种方法。

对静止图像压缩广泛采用 JPEG 算法标准。由于用计算机的中央处理器 CPU 来完成 JPEG 算法花费的时间太长,因此都是用专门的 JPEG 算法信号处理器来完成运算。

对视频图像压缩的算法有 MPEG、DVI、H.261 算法。这些算法是由相应的算法信号处理器来完成的。

三、任务实施

Windows 7 系统提供了方便的声音处理工具,直接利用"录音机",就能完成声音的录制、播放和一些简单的编辑功能。下面介绍使用 Windows 录音机录制声音的硬件设置:

①首先,用鼠标右键单击桌面右下角的"小喇叭"

图 8-1　选择录音设备

图标,在弹出的快捷菜单中选择"录音设备"命令,如图8-1所示。

②找到"立体声混音"选项卡,系统默认是禁用的,需要手动打开。

③用鼠标右键单击"立体声混音",在弹出的快捷菜单中选择"启用"命令,然后再次右键单击选择"设置为默认设备",如图8-2所示。

图8-2　立体声混音设置

当"立体声混音"被正确启用,会看到该项图标的下面有一个绿色的勾。

启用"立体声混音"设备已经实现了在Windows 7系统下播放音乐文件,但是如果麦克风的输入音量很小,就需调整麦克风音量,如图8-3所示。

图8-3　打开麦克风

④打开"麦克风",为了实现边播放音乐边发言(卡拉OK),还需要在控制面板中设置,如图8-4所示。

图 8-4　打开控制面板

⑤双击"硬件和声音"从"控制面板"打开"音频管理器",如图 8-5 所示。

图 8-5　打开音频管理器

⑥手动将系统的默认设备更改为"立体声混音",如图 8-6 所示。

图 8-6　立体声混音设置

　　麦克风选项卡中主要是调节麦克风音量的,麦克风增强按钮是控制对方听见你的声音大小的关键,系统默认增强值为零,因此对方几乎听不见你的声音,可根据自己的实际情况来调节。需要注意的是:"录制音量"和"播放音量"不能设置为"静音模式",不然对方也将无法听见自己的说话声,如图 8-7 所示。

图8-7　设置麦克风

立体声混音选项卡中需要注意的是："录制音量"不宜过高,如果感觉有爆音,可以尝试将音量调小一点。

经过以上设置,Windows 7 系统中录音的硬件设定已经完成,开启录音所使用的软件,如录音机、Cooledit 等软件,即可开始录音了。

任务二　使用 Windows 7 系统的多媒体播放器

一、任务描述

小李新购买了一台计算机,希望在休闲时间利用计算机在 Windows 7 操作系统中听音乐、看电影。

二、任务准备

1.流媒体概述

流媒体是应用流技术在网络上传输的多媒体格式文件。流技术就是把连续的动画、音视频等多媒体格式文件经过压缩处理后放上网站视频服务器,让用户一边下载一边观看、收听的网络传输技术。流媒体就像"水流"一样从流媒体服务器源源不断地"流"向客户机。

流媒体文件格式是支持采用流式传输及播放的媒体格式。流式传输方式是将视频和音频等多媒体文件经过特殊的压缩方式分成一个个压缩包,由服务器向用户计算机连续、实时传送。在采用流式传输方式的系统中,用户不必像非流式播放那样等到整个文件全部下载完毕后才能看到其中的内容,而是只需经过几秒或几十秒的启动延时即可在用户计算机上利用相应的播放器对压缩的视频或音频等流式媒体文件进行播放,剩余的部分将继续进行下载,直至播放完毕。

流媒体技术发端于美国。在美国目前流媒体的应用已很普遍,如惠普公司的产品发布和销售人员培训都用网络视频进行。

目前流媒体的主要文件格式有 RM、ASF、MOV、MPEG-1、MPEG-2、MPEG-4、MP3 等。

2.流媒体技术

(1)顺序流式传输

顺序流式传输是顺序下载,在下载文件的同时用户可观看在线媒体,在给定时刻,用户只能观看已下载的那部分,而不能跳到还未下载的前面部分。顺序流式传输比较适合高质量的短片段,如片头、片尾和广告,由于该文件在播放前观看的部分是无损下载的,这种方法保证电影播放的最终质量。这意味着用户在观看前,必须经历延迟,对较慢的连接尤其如此。顺序流式传输不适合长片段和有随机访问要求的视频,如讲座、演说与演示。它也不支持现场广播,严格来说,它是一种点播技术。

(2)实时流式传输

实时流式传输是指保证媒体信号带宽与网络链接配匹,使媒体可被实时观看到。实时流与 HTTP 流式传输不同,它需要专用的流媒体服务器与传输协议。实时流式传输总是实时传送,特别适合现场事件,也支持随机访问,用户可快进或后退以观看前面或后面的内容。理论上,实时流一经播放就可不停止,但实际上,可能发生周期暂停。实时流式传输必须配匹连接带宽,这意味着在以调制解调器速度连接时图像质量较差。而且,由于出错丢失的信息被忽略掉,网络拥挤或出现问题时,视频质量很差。实时流式传输需要特定服务器,如 QuickTime Streaming Server、RealServer 与 Windows Media Server。还需要特殊网络协议,如 RTSP(Realtime Streaming Protocol)或 MMS(Microsoft Media Server)。这些协议在有防火墙时有时会出现问题,导致用户不能看到一些地点的实时内容。

3.流媒体播放方式

(1)单播

在客户端与媒体服务器之间需要建立一个单独的数据通道,从一台服务器送出的每个数据包只能传送给一个客户机,这种传送方式称为单播。

(2)组播

IP 组播技术构建一种具有组播能力的网络,允许路由器一次将数据包复制到多个通道上。采用组播方式,单台服务器能够对几十万台客户机同时发送连续数据流而无延时。媒体服务器只需要发送一个信息包,而不是多个;所有发出请求的客户端共享同一信息包。

信息可以发送到任意地址的客户机,减少网络上传输的信息包的总量。网络利用效率大大提高,成本大为下降。

（3）点播

点播连接是客户端与服务器之间的主动连接。在点播连接中,用户通过选择内容项目来初始化客户端连接。用户可以开始、停止、后退、快进或暂停流。点播连接提供了对流的最大控制,但这种方式由于每个客户端各自连接服务器,会迅速用完网络带宽。

（4）广播

广播指的是用户被动接收流。在广播过程中,客户端接收流,但不能控制流,如用户不能暂停、快进或后退该流。广播方式中数据包的单独一个拷贝将发送给网络上的所有用户。

三、任务实施

Windows Media Player 12 支持 CD、MP3 等多种格式数字音频文件,它不仅仅是一个媒体播放器,还是一款既实用又简单的 CD 播放、刻录、翻录软件,它提供了直观易用的界面,你可将 CD 放到 CD-ROM 驱动器中播放 CD,也可将你喜爱的音乐刻录成 CD。

1. 创建播放列表

使用 Windows Media Player 播放多媒体文件、CD 唱片的操作步骤如下:

①单击"开始"→"所有程序"→"Windows Media Player"命令,打开"Windows Media Player"窗口,如图 8-8 所示。

图 8-8　"Windows Media Player"窗口

②单击"导航窗格"中的播放列表,在"细节窗格"中单击"单击此处"后,在"导航窗格"中输入播放列表的标题,如图 8-9 所示。

图 8-9　新建播放列表

③浏览媒体库,选择要添加到播放列表的项目。可通过将这些项目拖放到导航窗格中播放列表名称上来添加项目。

2. 播放 CD 或 DVD

①将要播放的光盘插入驱动器。通常情况下,光盘将自动开始播放。如果光盘未自动播放,或者你想要播放已插入的光盘,请打开 Windows Media Player,然后在播放器媒体库的导航窗格中单击该光盘的名称。

②如果你插入的是 DVD,则单击 DVD 标题或章节名称。当你在播放器媒体库中开始播放 DVD 或 VCD 时,播放器会自动切换到"正在播放"模式。

3. 从 CD 翻录音乐

①为达到最佳效果,请确保在开始操作之前先连接 Internet。将计算机连接 Internet 时,播放器会尝试从联机数据库中检索有关正在翻录的曲目的媒体信息。然后,播放器在翻录期间将这些信息添加到文件中。

> **注意**
>
> 　计算机未连接 Internet 时也可以翻录 CD。但是,播放机将无法识别 CD 的名称、创建 CD 的艺术家或歌曲的名称,直到你联机为止。

②将音频 CD 放入 CD 驱动器。

③如果要为翻录过程中创建的文件选中其他格式(如 MP3 而不用 WMA)或其他比特率(如 192 Kbit/s 而非 128 Kbit/s),请在播放机库中单击"翻录设置"菜单,然后单击"格式"或"音频质量"。

④如果不想翻录所有歌曲,则在播放机库中清除不想翻录的歌曲旁边的复选框。在

"正在播放"模式下单击"翻录 CD"按钮或在播放机库中单击"翻录 CD"都可以开始翻录。

⑤翻录歌曲之后,可以在播放机库中查找和播放这些歌曲。

任务三　图形图像的基本处理

一、任务描述

小李通过一段时间的使用,现在希望利用 Photoshop CS6 软件对图像进行放大缩小、图像合成效果的处理。

二、任务准备

1. 图形图像的表示方法

(1)矢量图和位图

矢量图不用大量的单个点来建立图像,而是用一个指令集合来描述图像。

点阵图又称位图,是对视觉信号在空间和亮度上做数字化处理后获得的数字图像。点阵图由若干个像素组成,把描述图像中各个像素点的亮度和颜色的数位值对应一个矩阵进行存储,这些矩阵值映射成图像。点阵图可以装入内存直接显示。

(2)位图文件大小的计算

文件的字节数 = 图像分辨率(x 方向的像素数 $\times y$ 方向的像素数) $\times$ 图像量化位数(二进制颜色位数)/8

2. 多媒体数据基础

(1)图像信息处理基础

在各种多媒体信息中,图形、图像的使用是人们研究和应用较多的一类媒体信息。

图像(Image)是指由输入设备捕捉的实际场景画面,或以数字化形式存储的任意画面。像素是图像的基本组成单位。人们在评价一幅图像时,最基本的指标就是图像的清晰度和颜色还原的真实度。也就是说,图像的质量与图像的分辨率及颜色深度有直接关系。

•分辨率:是用来量化说明图像清晰度和精细度的数值,是指单位长度内所包含像素点的数目,通常用像素/英寸(dpi)表示,如 600 dpi 就是表示该图像在每英寸的长度上有 600 个像素点。dpi 的数值越大,像素点数目越多,图像对细节的表现力越强,清晰度也就越高。

在计算机应用领域中,分辨率有 3 种类型,它们分别是屏幕分辨率、显示分辨率、图像分辨率。

　　屏幕分辨率:显示器屏幕上的最大显示区域,即水平与垂直方向的像素个数。它是由显示器硬件条件决定的,一般个人计算机显示器的屏幕分辨率为 72 dpi 或 96 dpi。

　　显示分辨率:是指显示适配器(显卡)的分辨率。显示分辨率由水平方向的像素总数和垂直方向的像素总数构成,在计算机中通常用 CGA、VGA、EGA、SVGA 等标准来描述。例如,标准 VGA 显示分辨率为 640×480,常见显示分辨率标准有 640×480、800×600、1 024×768、1 280×1 024、1 600×1 280 等。

　　图像分辨率:数字化图像的大小,即该图像的水平与垂直方向的像素个数。

　　● 像素:是构成位图图像的最小单位。

　　图像文件大小:用字节表示图像文件大小时,一幅未经压缩的数字图像的数据量大小计算为:

$$图像数据量大小 = 像素总数 × 图像深度 ÷ 8$$

　　【例如】　一幅 640×480 的 256 色图像为:640×480×8/8 = 307 200 字节 = 300 Kbit;一幅 1 024×768 的 24 位真彩色图像大小为 1 024×768×24/8 Kbit = 2 304 Kbit。

想 一 想

　　上述例子中,图像深度表述的一个是 256 色,一个是 24 位,所以代入公式中的值不同。

---

　　(2)音频信息处理基础

　　计算机音频技术主要包括声音的采集、数字化、压缩/解压缩以及声音的播放。

　　数字化主要包括采样和量化这两个方面。

　　● 采样频率(sampling rate):是将模拟声音波形转换为数字时,每秒钟所抽取声波幅度样本的次数,单位是 Hz(赫兹)。

　　● 量化数据位数(也称量化级):是每个采样点能够表示的数据范围,经常采用的有 8 位、12 位和 16 位。

　　音频数字化就是将模拟的(连续的)声音波形数字化(离散化),以便利用数字计算机进行处理的过程,主要参数包括采样频率(Sample Rate)和采样数位/采样精度(Quantizing,也称量化级)两个方面,这二者决定了数字化音频的质量。采样频率是对声音波形每秒钟进采样的次数。根据这种采样方法,采样频率是能够再现声音频率的一倍。人耳听觉的频率上限在 20 kHz 左右,为了保证声音不失真,采样频率应在 40 kHz 左右。经常使用的采样频率有 11.025 kHz、22.05 kHz 和 44.1 kHz 等。采样频率越高,声音失真越小,音频数据量越大。采样数位是每个采样点的振幅动态响应数据范围,经常采用的有 8 位、12 位和 16 位。例如,8 位量化级表示每个采样点可以表示 256 个(0~255)不同量化值,而 16 位量化级则可表示 65 536 个不同量化值。采样量化位数越高音质越好,数据量也越大。

　　反映音频数字化质量的另一个因素是通道(或声道)个数。记录声音时,如果每次生成一个声道数据,称为单声道;每次生成两个声波数据,称为立体声(双声道)。

数字音频的存储量:可用以下公式估算声音数字化后每秒所需的存储量(未经压缩的)

$$存储量 = \frac{采样频率 \times 采样数位}{8(字节数)}$$

若使用双声道,存储量再增加一倍。

例如,数字激光唱盘(CD-DA,红皮书标准)的标准采样频率为 44.1 kHz,采样量化位数为 16 位,立体声。1 min CD-DA 音乐所需的存储量为 44.1 × 16 × 2 × 60 ÷ 8 Kbit = 10 584 Kbit。

三、任务实施

(1)图像放大缩小

使用 Photoshop CS6 图形图像处理软件,把素材中的图片通过放大镜功能进行放大或缩小的操作。具体操作步骤如下:

①打开 Photoshop CS6,然后打开"koala. jpg"图片,并将其存储为"koala. psd",如图8-10所示。

图 8-10　打开 koala. jpg

②选择"工具箱"→"缩放工具"命令,如图 8-11 所示,打开"缩放工具"工具栏,选择"缩小"工具,如图 8-12 所示,单击图片,缩小后的效果如图 8-13 所示。

③保存文件。

图 8-11　"缩放工具"　　　　　　图 8-12　"缩小"工具

图 8-13　图像缩小后的效果

（2）图像合成

通过使用 Photoshop CS6 图形图像处理软件,把素材中的一位小孩合成两个小孩的效果,并保持原画布颜色。具体操作步骤如下:

①在 Photoshop CS6 中打开"欢笑.jpg"图片,并将其存储为"欢笑.psd",如图 8-14 所示。

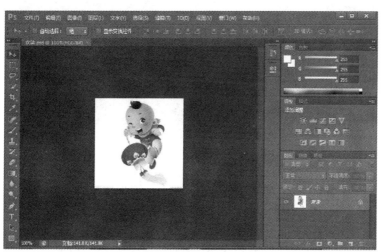

图 8-14　打开"欢笑.jpg"图片

②使用快捷键"Ctrl + J"复制图层,得到"图层 1",如图 8-15 所示。

③选择"图像"→"画布大小",打开"画布大小"对话框,设置参数宽度为 15 厘米。

④单击"确定"按钮,然后使用工具箱中的"移动工具"移动"图层 1"中的图像到画布的右侧,左侧用透明的栅格色填充。

⑤选择"编辑"→"变换"→"水平翻转"命令,改变"图层 1"中的图像位置,如图 8-16 所示。

⑥保存文件。

259

图 8-15　复制图层

图 8-16　图像水平翻转后的效果

本章小结

通过本章的学习能让学生理解多媒体、多媒体技术及流媒体的基本概念,并学会使用Windows 7 系统多媒体声音的处理方法,使用 Windows 7 系统多媒体播放器,图像的基本处理方法。

任务考核

一、单选题

1.多媒体计算机必须配置(　　)。

A.触摸屏、CD-ROM 驱动器、数字照相机、电影卡

B.声音卡、CD-ROM 驱动器、VGA 显示器、扬声器

C.声音卡、CD-ROM 驱动器、电影卡、视频卡

D.视频卡、CD-ROM 驱动器、声音卡、VGA 显示器

2.多媒体计算机系统的两大组成部分是(　　)。

A.多媒体器件和多媒体主机

B.音箱和声卡

C.多媒体输入设备和多媒体输出设备

D.多媒体计算机硬件系统和多媒体计算机软件系统

3.多媒体计算机软件系统的核心是(　　)。

A.多媒体操作系统　　　　　　　　B.多媒体数据处理软件

C.多媒体驱动软件　　　　　　　　D.多媒体应用软件

4.具有多媒体功能的微型计算机系统,常用 CD-ROM 作为外存储器,它是(　　)。

A.只读硬盘　　　B.可读可写存储器　　C.只读存储器　　　D.只读大容量软盘

5.计算机多媒体信息不包括(　　)。

A.文本、图形　　　B.音频、视频　　　C.图像、动画　　　D.光盘、声卡

二、判断题

1.多媒体计算机可以处理图像和声音信息,但不能处理文字。　　　　　　　　(　　)

2.多媒体技术中的关键技术之一是数据的压缩与解压缩技术,其目的是为了提高对数据的存储和传输效率。　　　　　　　(　　)

3.MP3 是利用 MPEG Audio Layer 3 的技术,将音乐文件进行压缩。　　　(　　)

三、填空题

1.多媒体技术,即是计算机交互式综合处理多媒体信息＿＿＿＿＿、＿＿＿＿＿、＿＿＿＿＿、＿＿＿＿＿、＿＿＿＿＿、＿＿＿＿＿等,使多种信息建立逻辑连接,集成为一个具有交互性的系统。

2.不经过压缩,保存一幅 1 024 ×768 的 24 位真彩色位图需要的存储空间为＿＿＿＿Kbit。(要求填写最终的计算结果)

第九章　信息安全与防护

本章将简要介绍信息安全相关理论知识和信息安全相关工具的使用，以及信息安全法律法规等内容。

知识目标

◆　了解信息和信息安全概念。
◆　了解信息安全的划分及相关信息安全技术。
◆　了解信息安全相关法律法规。
◆　掌握计算机病毒相关概念及防护方法。

技能目标

◆　熟练运用 360 杀毒软件对计算机进行病毒查杀和处理。

任务一　信息安全相关理论知识

一、任务描述

一天，小王上网浏览新闻时，看到了斯诺登的相关报道，并知道了棱镜项目的存在；而就在前几个星期，他一位高中同学的 QQ 号被盗。小王结合自身的专业特点，决定从书籍和网络上找寻一些信息安全的资料来好好学习信息安全，以便在计算机爱好者协会上做一些分享。

二、任务准备与实施

1.信息相关概念

（1）信息

一般认为,信息是事务运动的状态和状态的变化方式,是与能量、物质一起构成物质世界的三大要素之一。物质与能量相互转换的过程中,可能产生一些信息,但同时信息也可能来自于我们自身的精神世界。

信息是有价值的且随着时间的推移、针对不同的对象等其价值是在不断变化之中的。

（2）信息技术

信息技术(Information Technology,IT)是指信息的获取、整理、加工、存储、传递、表达和应用过程中所采用的各种方法,如语言、信号、电话及网络等。现在,信息技术主要是指应用计算机科学和通信技术来设计、开发、安装和实施信息系统及应用软件,故常被称为信息和通信技术(ICT)。

信息技术通常被分为信息获取、信息传送、信息处理和信息检索4类技术。

一般认为,信息产业主要包括信息设备制造业、信息技术服务业、信息流通服务业和信息传播报道业。

2.信息系统

信息系统是指与信息加工、传递、存储及利用等相关的系统。一个信息系统应包括4大要素,即计算机硬件、软件、数据及用户。

常见的信息系统包括决策支持系统(DSS)、管理信息系统(MIS)和专家系统(ES)等。

信息系统的开发大致分为5个步骤:设计前期的调研及可行性研究、系统分析、系统设计与实现、编程与调试、运行管理及系统评价。

3.信息安全相关概念

（1）信息安全

信息安全是指保护信息及信息系统在信息存储、处理、传输过程中不被非法访问或修改,而且对合法用户不发生拒绝服务的相关理论、技术和规范。

信息安全至少应提供下述3个方面的内涵属性(也被称为CIA):

● 保密性:是指保证信息只提供给授权者使用,而不泄露给未授权者。

● 完整性:是指保证信息从真实的发信者传送到真实的收信者,传送过程中没有被他人添加、删除、替换。

● 可用性:是指保证信息和信息系统随时为授权者提供服务,不会出现非授权者滥用及对授权者拒绝服务的情况。

除此之外,可能还需保证信息的真实性、可控性和抗否性。

(2)计算机安全

为数据处理系统建立和采取的技术及管理的安全保护,保护计算机硬件、软件、数据不因偶然的或恶意的原因而遭到破坏、更改、暴露。此定义包含以下两个方面的内容:

• 物理安全:是指计算机及相关设备的安全,如防火、防盗、防雷、防电磁泄漏、防鼠虫害等。

• 逻辑安全:是指计算机中信息的完整性、保密性和可依赖性,它可通过使用口令、加密、权限设置等方法来实现。

计算机安全一般包括实体安全、网络与信息安全和运行安全,其中最重要的是存储数据的安全。

(3)网络安全

网络安全是指防止网络环境中的数据、信息被泄露和篡改,以及确保网络资源可由授权方按需使用的方法和技术。网络安全从其本质上来讲是网络上的信息安全。

当今世界,各行各业都朝着数字化、网络化、智能化的方向发展,信息、计算机和网络已经密不可分。从信息安全的角度来看,计算机安全与网络安全的含义基本一致,计算机安全更侧重静态信息的保护,网络安全则更侧重于动态信息的保护。

4.信息安全威胁

常见的信息安全威胁包括信息泄露、破坏信息完整性、拒绝服务、非授权访问、窃听、假冒、网络钓鱼、社会工程攻击、特洛伊木马(Trojan Horse)、陷阱门、重放攻击、抵赖、计算机病毒、人员不慎、媒体废弃、物理入侵、窃取等。这些威胁的主要来源有自然灾害、意外事故、计算机犯罪、黑客行为、内外部泄密、网络协议自身缺陷以及网络嗅探等。

5.信息安全技术

从广泛意义上来看,信息安全技术包括物理安全技术、计算机平台安全技术、数据安全技术、通信安全技术和网络安全技术5个方面。

• 物理安全技术:主要保障信息系统相关设备,如计算机、打印机、路由器、防火墙等的防灾、防盗、防电磁泄漏、防鼠虫害等的相关技术。

• 计算机平台安全技术:主要包括身份鉴别技术、信息认证技术、访问控制技术、病毒防治技术以及漏洞扫描技术等。

• 数据安全技术:主要包括数据加密技术、密钥管理技术、信息隐藏技术、内容安全技术和容灾恢复技术等。

• 通信安全技术:主要包括专网技术、模拟置乱技术、猝发通信技术、扩频通信技术、混沌通信技术等。

●网络安全技术:主要包括身份认证技术、访问控制技术、网络监控技术、安全评估与审计技术、防火墙技术、虚拟专用网络技术、入侵检测与防御技术、网络隔离技术、网络安全扫描技术和匿名通信技术等。

(1)加密技术

曾经有一部风靡一时的电影《风语者》讲述的是:第二次世界大战初期,在太平洋战场上,日军总能用各种方法破译美军的密电码,这令美军在战场上吃尽了苦头。为了改变这种局面,1942年,29名印第安纳瓦霍族人被征召入伍,因为他们的语言没有外族人能够听懂,因此美军将他们训练成了专门的译电员,人称"风语者"。

事实上,这些"风语者"使用自己的语言传递机密军事信息的行为就是在加密。加密技术是信息安全的核心技术。加密技术作为保障数据安全的一种方式,早在古罗马时期就已经很流行了,相传凯撒常用一种"密表"给他的朋友写信,这里的"密表"在密码学上称为"凯撒密表"。用现代的眼光看,凯撒密表是一种相当简单的加密变换,就是把明文中的每一个字母用它在字母表上位置后面的第三个字母代替(如A用D表示),如图9-1所示。

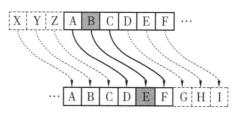

图9-1　凯撒密表原理

当然,随着计算机密码学的发展,类似于凯撒密表的古典加密方法或传统的替换—换位加密法已经过时,使用计算机技术就可以轻易破解。常用的现代加密技术包括对称密钥加密技术和非对称密钥加密技术。对称密钥加密技术的加密密钥和解密密钥相同,主要加密算法有DES、AES、IDEA、RC系列和Blowfish等。非对称密钥加密算法使用收信方的公钥进行加密,使用收信方的私钥进行解密。公钥一般是公开的密钥(向通信的参与者公开);而私钥是严格保密的,只属于合法持有者本人所有。著名的非对称密钥加密算法有RSA算法、ElGamal算法、ECC算法和背包算法(多个公钥、一个私钥)等。在非对称密钥体系中,如果使用发送者的私钥进行加密,接收者使用发送者的公钥进行解密,这就是典型的数字签名,就犹如传统的手写签名一样。数字签名可以使得接收方能够通过公钥核实发送者,发送方事后不能否认该签名,其他人员也不能伪造该签名。Windows系统下的EFS(加密文件系统)使用AES加密算法对文件进行加密,使用RSA算法对AES算法中的对称密钥进行加密。

密码技术的使用使得数据具有机密性,数字签名技术的使用使得数据具有抗否性。而数据的完整性需要依赖消息摘要技术(Message Digest)来实现,一旦数据改变,生成的摘要就会发生变化。

（2）防火墙技术

在古代，人们常常就地取材，建造木质结构的房屋。但同时一旦发生火灾，这种结构的房屋难免被付之一炬。于是古人就在房屋的周围搭建坚固的石块堆砌成墙，称为防火墙，用以阻挡火势的蔓延。在计算机网络世界里，防火墙作为内、外网络的屏障，保护内部网络的机密信息不因外部网络的不安全而遭受窃取和篡改。防火墙通过有效、细致的访问控制规则来满足用户必要的通信和信息共享需求，屏蔽其他任何未经授权的网络访问，并能监视网络运行状态。防火墙原理如图9-2所示。

防火墙

■ 符合过滤规则的数据，允许通过　　　　　■ 不符合过滤规则的数据，无法通过

图9-2　防火墙原理

防火墙按 OSI（开放系统互联参考模型）模型层次，可划分为网络层防火墙（即包过滤防火墙）和应用层防火墙（即代理防火墙）；按产品形式，可划分为硬件防火墙和软件防火墙。

在 Windows 7 系统下也有防火墙，其防火墙的开启方法是：在"控制面板"里找到"Windows防火墙"（把查看方式设置为大图标），打开后弹出如图9-3所示的窗口，单击左边的"打开或关闭 Windows 防火墙"，将弹出如图9-4所示的窗口。

图9-3　Windows 7 系统防火墙

▶ Windows 防火墙 ▶ 自定义设置

自定义每种类型的网络的设置

您可以修改您所使用的每种类型的网络位置的防火墙设置。

什么是网络位置?

家庭或工作(专用)网络位置设置

- ⊚ 启用 Windows 防火墙
  - ☐ 阻止所有传入连接,包括位于允许程序列表中的程序
  - ☑ Windows 防火墙阻止新程序时通知我
- ⊚ 关闭 Windows 防火墙(不推荐)

公用网络位置设置

- ⊚ 启用 Windows 防火墙
  - ☐ 阻止所有传入连接,包括位于允许程序列表中的程序
  - ☑ Windows 防火墙阻止新程序时通知我
- ⊚ 关闭 Windows 防火墙(不推荐)

图 9-4　Windows 7 系统防火墙自定义设置

　　在图 9-4 中,在连接到一个网络时会询问是连接到家庭网络、公用网络或是办公网络,可根据情况选择一个网络。一般家庭网络是受信任的网络,可以不开启防火墙,而公用网络是不受信任的网络,需要开启防火墙,当然二者都可以开启防火墙。

　　(3)身份鉴别技术

　　身份鉴别技术可以识别访问者的身份,同时还可验证访问者声称的身份。常见的身份鉴别技术有口令、某种令牌(如磁卡)、生物识别技术(如指纹、视网膜、DNA、面部、声音等)。有了身份鉴别技术,接下来就可以使用访问控制技术控制并限制用户的访问活动。使用口令进行身份验证,如图 9-5 所示。

想 一 想

　　验证码是为了验证什么?

会员登录

用 户 名: 天翼　　　　　　　　ⓘ 可使用账号、邮箱登录

输入密码: ********　　　　　　② 忘记密码,找回

验 证 码: ____　　2824 ③ 看不清? 换一张

☑ 自动登录

登 录 ▶

图 9-5　使用口令进行身份验证

（4）内容审查技术

检查内容是否合法，是否是病毒或木马。如像论坛、贴吧、微信、微博等都有自身的内容检查机制，而大多数邮件系统（如 QQ 邮箱、网易邮箱等）也都有自己的垃圾邮件过滤机制和防病毒、木马机制，防止垃圾邮件的泛滥或病毒、木马对计算机的侵害。

6. 信息安全风险评估

安全是一个形容词，那如何确定网络信息是安全的还是不安全的？这就需要对信息系统进行安全风险评估。一般认为，信息系统的安全风险是一种潜在的、尚未发生但可能发生的安全事件。存在的风险一旦转化为真实的安全事件就会危害信息系统的安全性。任何信息系统都会有安全风险。因此，安全的信息系统，实际是指信息系统在实施了风险评估并作出风险控制后，仍然存在的残余风险可被接受的信息系统。因此，要追求信息系统的安全，就不能脱离全面、完整的信息系统的安全评估，就必须运用风险评估的思想和规范对信息系统开展风险评估。

7. 信息安全相关法律、法规

①宪法——公民的通信自由和通信秘密受法律的保护。

《宪法》第二章"公民的基本权利和义务"第 40 条规定："中华人民共和国公民的通信自由和通信秘密受法律的保护。除因国家安全或者追查刑事犯罪的需要，由公安机关或者检察机关依照法律规定的程序对通信进行检查外，任何组织或者个人不得以任何理由侵犯公民的通信自由和通信秘密。"

②刑法——计算机犯罪。

《刑法》第六章，妨碍社会管理秩序罪，第一节，扰乱公共秩序罪第二百八十五条、第二百八十六条、第二百八十七条。

• 第二百八十五条：非法侵入计算机信息系统罪。

违反国家规定，侵入国家事务、国防建设、尖端科学技术领域的计算机信息系统的，处三年以下有期徒刑或者拘役。

违反国家规定，侵入前款规定以外的计算机信息系统或者采用其他技术手段，获取该计算机信息系统中存储、处理或者传输的数据，或者对该计算机信息系统实施非法控制，情节严重的，处三年以下有期徒刑或者拘役，并处或者单处罚金；情节特别严重的，处三年以上七年以下有期徒刑，并处罚金。

提供专门用于侵入、非法控制计算机信息系统的程序、工具，或者明知他人实施侵入、非法控制计算机信息系统的违法犯罪行为而为其提供程序、工具，情节严重的，依照前款的规定处罚。

单位犯前三种罪的，对单位判处罚金，并对其直接负责的主管人员和其他直接责任人员，依照各该款的规定处罚。

• 第二百八十六条：破坏计算机信息系统罪。

　　违反国家规定,对计算机信息系统功能进行删除、修改、增加、干扰,造成计算机信息系统不能正常运行,后果严重的,处五年以下有期徒刑或者拘役;后果特别严重的,处五年以上有期徒刑。

　　违反国家规定,对计算机信息系统中存储、处理或者传输的数据和应用程序进行删除、修改、增加的操作,后果严重的,依照前款的规定处罚。

　　故意制作、传播计算机病毒等破坏性程序,影响计算机系统正常运行,后果严重的,依照第一款的规定处罚。

　　单位犯前三种罪的,对单位判处罚金,并对其直接负责的主管人员和其他直接责任人员,依照第一款的规定处罚。

　　● 第二百八十七条:利用计算机实施犯罪的提示性规定。

　　利用计算机实施金融诈骗、盗窃、贪污、挪用公款、窃取国家秘密或者其他犯罪的,依照本法有关规定定罪处罚。

　　③治安管理处罚法。

　　《治安管理处罚法》第三章,违反治安管理的行为和处罚,第一节扰乱公共秩序的行为和处罚第二十九条规定:

　　故意制作、传播计算机病毒等破坏性程序,影响计算机信息系统正常运行的。

　　《治安管理处罚法》其他规定(与非法信息传等播相关):第四十二条、第四十七条、第六十八条。

　　④保守国家秘密法。

　　⑤电子签名法——电子签名与传统手写签名和盖章具有同等的法律效力。

　　⑥全国人大关于维护互联网安全的决定。

　　⑦计算机信息系统安全保护条例。

　　⑧商用密码管理条例。

　　⑨计算机信息系统安全专用产品检测和销售许可证管理办法。

　　⑩计算机信息系统保密管理暂行规定。

　　⑪计算机病毒防治管理办法。

　　⑫最高人民法院、最高人民检察院关于办理利用信息网络实施诽谤等刑事案件适用法律若干问题的解释。

任务二　查杀计算机病毒

一、任务描述

　　某天,小李反映最近一段时间计算机运行速度非常慢,已严重影响了计算机的正常使用,想让小王诊断一下。小王经过一番检查,初步判断计算机中了病毒,需要安装杀毒软件进行病毒查杀。

二、任务准备

1.计算机病毒的概念

计算机病毒(Computer Virus)在《中华人民共和国计算机信息系统安全保护条例》中被明确定义:"编制或者在计算机程序中插入的破坏计算机功能或者毁坏数据,影响计算机使用并且能自我复制的一组计算机指令或者程序代码"。由此可知,计算机病毒是人为编制的具有破坏作用的特殊程序或代码片段。

计算机病毒依附存储介质进入硬盘、U盘、光盘等构成传染源。病毒激活是将病毒放在内存,并设置触发条件,触发的条件是多样化的,可以是时钟、系统的日期、用户标识符,也可以是系统一次通信等。条件成熟病毒就开始自我复制到传染对象中,进行各种破坏活动等。

2.计算机病毒的特征

计算机病毒具有传染性、隐蔽性、破坏性、潜伏性、可激发性等特点。

3.计算机病毒的分类

常见的计算机病毒有系统病毒(前缀为 Win95、Win32、PE、W32、W95 等)、蠕虫病毒(前缀为 Worm)、木马病毒(前缀为 Trojan)、脚本病毒(前缀为 Script)、宏病毒(前缀为 Macro)、后门病毒(前缀为 Backdoor)、玩笑病毒(前缀为 Joke)、破坏性病毒(前缀为 Harm)等。

4.计算机病毒的症状

计算机感染了病毒后的症状很多,其中以下 10 种最为常见:计算机系统运行速度明显减慢;经常无缘无故地死机或重新启动;丢失文件或文件损坏;打开某网页后弹出大量对话框;文件无法正确读取、复制或打开;以前能正常运行的软件经常发生内存不足的错误,甚至死机;出现异常对话框,要求用户输入密码;显示器屏幕出现花屏、奇怪的信息或图像;浏览器自动链接到一些陌生的网站;鼠标或键盘不受控制等。

5.计算机病毒的传染途径

通过因特网传播,它是病毒传播的主要途径;通过移动存储介质传播;通过光盘等传播。

6.计算机病毒的防治

在计算机的日常使用过程中,应该"经常备份、及时升级、定期杀毒、访问有度",做到

"以防为主,以治为辅,防治结合"。重要的文件可以备份到某个云盘上,对计算机上的各种软件包括杀毒软件要及时升级,应设置每月杀毒计划(一般杀毒软件都有此功能),计算机使用者在上网过程中应尽量访问大的、知名的网站,严禁点击来历不明的链接和访问淫秽色情小网站。常见的防毒软件有360杀毒、金山毒霸、瑞星杀毒、百度杀毒、卡巴斯基、诺顿、AVG、小红伞等。

三、任务实施

1. 安装360杀毒软件和360安全卫士

可以从 http://www.360.cn/download/index.html 站点下载杀毒软件和360安全卫士。双击下载下来的文件即可安装杀毒软件,如图9-6所示,单击"更改目录"按钮可以改变安装目录,一般默认即可。安装好后,就会弹出如图9-7所示的窗口。

图9-6　安装360杀毒软件

图9-7　安装好后的360杀毒软件界面

2. 全盘扫描病毒

单击任务栏右侧通知区域中的图标"🛡"也可弹出如图9-7所示的窗口。单击"全盘扫描"图标按钮即可对整个硬盘进行扫描,但需要花较长时间,而"快速扫描"时间比较短,但是只对运行系统必需的位置进行扫描。另外,也可单击右下角的"自定义扫描"图标进行扫描。

3.设置定期扫描病毒

单击右边顶部的"设置"二字,会弹出如图9-8所示的对话框,在该对话框中单击左边的"病毒扫描设置"项,接下来用鼠标勾选下方的"启用定时扫描",可设置扫描类型为"全盘扫描"(或快速扫描),单击"每月"单选按钮,并设置一个日期和时间。当到达预定时间点,只要计算机开着,杀毒软件将进行自动扫描操作。

图9-8　360杀毒软件的定时扫描设置

知识拓展

使用360安全卫士可以专门进行木马病毒的扫描,同时还可以对系统进行垃圾清理、漏洞修复和加速优化等。

本章小结

信息是事务运动的状态和状态的变化方式,是与能量、物质一起构成物质世界的三大要素之一;信息技术通常被分为信息获取、信息传送、信息处理和信息检索4类技术。常见的信息系统包括决策支持系统(DSS)、管理信息系统(MIS)和专家系统(ES)等。信息安全是指保护信息及信息系统在信息存储、处理、传输过程中不被非法访问或修改,而且对合法用户不发生拒绝服务的相关理论、技术和规范。信息安全面临的威胁主要来源于自然灾害、意外事故、计算机犯罪、黑客行为、内外部泄密、网络协议自身缺陷以及网络嗅探等。国家逐步颁布相关法律规范网络行为、保障相关权益。本章最后讲述了如何养成查杀病毒的良好习惯，保障个人计算机系统的相对安全与稳定。

拓展训练

一、加密计算机中的文件，要求对加密证书进行备份，并对加密进行测试（如把文件复制到其他计算机或用其他用户登录计算机查看文件）。

二、建立用户和组，并设置文件夹访问权限。

三、打开计算机中的防火墙，允许某一程序或功能通过防火墙进行通信。

任务考核

一、单选题

1. 计算机病毒是指在计算机磁盘上进行自我复制的（　　　）。

　　A. 一段程序　　　　B. 一条命令　　　　C. 一个文件　　　　D. 一个标记

2. 计算机病毒的特征不包括（　　　）。

　　A. 破坏性　　　　　B. 传染性　　　　　C. 毁灭性　　　　　D. 隐蔽性

3. 计算机病毒不可能潜伏在（　　　）。

　　A. 外存　　　　　　B. 内存　　　　　　C. 光盘　　　　　　D. U 盘

4. 信息安全技术是指保障网络信息安全的方法，（　　　）是保护数据在网络传输过程中不被窃听、篡改或伪造的技术，它是信息安全技术的核心。

　　A. 访问控制技术　　B. 加密技术　　　　C. 数字签名技术　　D. 防火墙技术

5. 为保护计算机网络不受外部网络的攻击，最常采取的技术措施是（　　　）。

　　A. 访问控制技术　　B. 加密技术　　　　C. 数字签名技术　　D. 防火墙技术

6. 三国演义中"蒋干盗书"的故事说的是：赤壁之战时，蒋干从周瑜处偷走了东吴事先伪造好的蔡瑁、张允的投降书，交给曹操，曹操一怒之下将二人斩首示众，致使曹操失去了仅有的两位水军将领，最后落得"火烧三军命丧尽"的下场。这说明信息具有（　　　）。

　　A. 共享性　　　　　B. 时效性　　　　　C. 真伪性　　　　　D. 价值相对性

7. 下列说法中，正确的是（　　　）。

　　A. 信息的泄露在信息的传输和存储过程中都会发生

　　B. 信息的泄露在信息的传输和存储过程中都不会发生

　　C. 信息的泄露只在信息的传输过程中发生

　　D. 信息的泄露只在信息的存储过程中发生

二、判断题

1. 传播网络谣言,并以此牟利,这只是属于个人思想道德问题,不构成犯罪。 （　　）

2. 信息产业是指将信息转变为商品的行业,它包括软件、数据库、各种无线通信服务和在线信息服务等,而 IT 设备的生成制造则不包括在内(被划为制造业)。 （　　）

3. 用户 A 通过计算机网络将同意签订合同的消息发送给用户 B,为了防止用户 A 否认发送过的消息,应该在计算机网络中使用数字签名。 （　　）

4. 防火墙是万能的,可以阻挡任何未经非法的内容。 （　　）

5. 计算机病毒也有良性的,这种病毒不会破坏计算机的数据或程序。当该类病毒运行时,它只会占用计算机资源,而不会导致计算机系统瘫痪。 （　　）

6. 木马程序是目前比较流行的病毒文件,它通过将自身伪装吸引用户下载执行,进而可以任意毁坏、窃取用户的文件,甚至远程操作中毒的计算机。 （　　）

三、填空题

1. 为了保障信息在网络传输过程中不被非法窃听,应该对信息进行_____传输。

2. 计算机病毒主要通过_____传播。

第十章 常用计算机工具软件的使用

　　计算机相关应用软件能够帮助用户提高工作效率,学会使用计算机的各种常用的工具软件,可以更充分地发挥计算机的潜能,使它能够更好地为计算机用户服务。

　　本章主要介绍计算机中常用的几款工具软件的使用方法,包括 U 盘 PE 启动制作工具、驱动安装工具、系统检测工具、硬盘备份工具、文件压缩工具、数据恢复工具,多媒体播放工具、PDF 文档阅读工具及在线翻译等。

知识目标

◆　能够较好区分系统软件和应用软件。

◆　掌握各工具软件的功能。

◆　熟悉应用软件的安装、设置及操作过程。

技能目标

◆　熟练运用 U 盘启动盘制作工具口袋启动盘。

◆　熟练运用驱动安装工具进行系统驱动的安装。

◆　熟练运用系统检测工具进行系统硬件的检测。

◆　熟练运用硬盘备份工具进行系统数据的备份与恢复。

◆　熟练运用文件压缩工具进行文件压缩和解压缩。

◆　熟练运用数据恢复工具实现误删数据的恢复。

◆　熟练运用媒体播放工具播放音频、视频文件。

◆　熟练运用电子图书阅览工具阅读 PDF 文件。

◆　熟练运用翻译工具实现中英文的翻译。

任务一　制作启动 U 盘

一、任务描述

小张是一名计算机新手,听同事说,计算机系统的安装和维护最好有个 U 盘来进行处理,那么如何制作 U 盘启动盘呢?

二、任务准备

口袋 PE 是针对普通用户与技术人员开发的一款 U 盘工具,它具有界面美观、功能强大等特点,可以实现一键制作 U 盘 PE 系统、个性化设置 U 盘界面等功能。下面介绍如何使用口袋 PE 迷你 U 盘启动制作工具一键制作启动 U 盘。

①打开浏览器,在地址栏输入框内输入 www. koudaipe. com,进入口袋 PE 官网,点击下载中心,下载口袋迷你 U 盘 PE 启动制作工具。单击"口袋 PE 专业版"的"官方下载",如图 10-1 所示。

②下载文件后双击安装程序,根据安装程序向导提示进行安装。

图 10-1　口袋 U 盘工具下载界面

三、任务实施

双击运行计算机桌面上"口袋 U 盘专业版 WinPE 启动制作工具"的快捷方式,开始制作过程。单击界面上方的"U 盘启动"选项。选择要制作的 U 盘盘符,对相关参数进行设置(打造属于自己的个性化 PE 系统)。如无特殊要求选择默认选项即可,如图 10-2 所示。

图 10-2　启动"口袋 U 盘专业版 WinPE 启动制作工具"界面

　　将 U 盘插入计算机。在界面下方的"选择 U 盘"处会自动识别你的 U 盘,单击"一键制作"按钮,这时提醒框会提示将删除 U 盘上的数据(见图 10-3),如同意删除,单击"确定"按钮即可。

图 10-3　提示框(U 盘如有重要数据请做好备份)

　　一键制作时,在界面圆盘下方将出现圆形的进度提醒,如图 10-4 所示。

图 10-4　制作进度

U 盘启动完成后,将出现"温馨提示"对话框,提示一键制作启动 U 盘完成,如需模拟单击"是",如不进行模拟单击"否"即可,如图 10-5 所示。

图 10-5 一键制作启动 U 盘完成提醒

至此,整个过程结束,单击界面右上角的关闭"X"按钮,在出现的提示框中单击"确定"即可退出整个安装过程,如图 10-6 所示。

图 10-6 退出口袋 PE 启动制作助手

完成后若需要 PE U 盘启动,请在 BIOS 中设置 U 盘启动后插入 PE U 盘即可利用 U 盘来启动 PE 系统进行系统的安装和维护。

任务二 计算机驱动安装与备份

一、任务描述

小张在给自己的计算机安装操作系统后发现部分硬件的驱动未安装(见图 10-7),由于小张对计算机不是很精通,请教了 QQ 上的网友,网友推荐了一款专门针对驱动问题的软件——"驱动精灵"。

驱动精灵是一款集驱动管理和硬件检测于一体的、专业级的驱动管理和维护工具。驱动精灵为用户提供驱动备份、恢复、安装、删除、在线更新等实用功能。

图 10-7　部分硬件未安装驱动

二、任务准备

从驱动精灵的官方网站(http://www.drivergenius.com)下载软件,按照安装向导步骤完成安装。

> **温馨提示**
>
> 　　如果计算机本身的网卡驱动程序没有安装的话,必须通过其他计算机下载带网卡版的驱动精灵,然后复制到计算机上。

三、任务实施

双击"驱动精灵"图标打开如图 10-8 所示的窗口,单击"立即检测"按钮,系统将自动对计算机的硬件进行测试,如图 10-8 所示。

网卡的安装,启动后发现未安装网卡驱动,如图 10-9 所示,单击"立即安装"驱动精灵将自动安装网卡驱动。

一键安装驱动。安装网卡后,驱动精灵将继续进行检测,将出现如图 10-10 所示的界面,单击"一键安装"按钮,驱动精灵将自动在网上下载相应的驱动进行安装。

驱动备份与还原(见图 10-11)。在驱动精灵的百宝箱中单击驱动备份,可一键备份驱动;单击驱动还原可一键还原系统驱动,具体操作读者可自行体验。

10-8　"驱动精灵"启动界面

图 10-9　电脑未安装网卡驱动

图 10-10　一键安装驱动

图 10-11　驱动的备份与还原

任务三　检测系统信息

一、任务描述

小张在宿舍与室友聊天,谈到购买组装计算机的有关话题,室友提醒组装计算机容易碰到奸商,如内存可以用旧款芯片打磨而来,想到自己刚刚配置的计算机,小张有些忐忑。应该用什么软件才能查看自己的计算机的硬件信息,确保自己不被骗呢?

好友推荐了鲁大师这款软件,鲁大师的硬件检测是比较常用的功能,不仅准确,而且提供中文厂商信息,可以查看计算机 CPU、显卡、内存、主板、硬盘等核心硬件品牌型号。它适合于各种品牌台式机、笔记本电脑、DIY 兼容机的硬件测试,实时的关键性部件的监控预警,全面的计算机硬件信息,有效预防硬件故障,让您的计算机免受困扰。电池健康监控:电池状态、电池损耗、电池质量的检测,有效地提高电池的使用寿命和电脑的健康。

二、任务实施

从鲁大师的官方网站(http://www.ludashi.com/)下载软件,按照安装向导步骤完成安装。

双击应用程序图标,启动鲁大师软件,进入如图 10-12 所示的"鲁大师"界面,单击硬件检测按钮,可以看到系统检测硬件的情况,如图 10-13 所示。

图 10-12　"鲁大师"启动界面

图 10-13　鲁大师检测硬件系统信息

> **说明**
>
> 　　鲁大师还提供了硬件体检、温度管理、性能测试、驱动检测（驱动检测安装）、清理优化等多项功能，读者可自行进行体验。

任务四 备份你的硬盘

一、任务描述

小张的计算机系统崩溃,需要重装系统,安装各种驱动程序和应用软件,小张花费了大半天时间还没有解决问题。小张应该用什么办法,在以后出现计算机系统崩溃时,最大限度地减少安装操作系统和数据恢复的时间?

根据问题,小张在网上进行了搜索,找到一款软件,诺顿克隆精灵(Norton Ghost)。该软件能够完整而快速地复制备份,还原整个硬盘或单一分区。

二、任务准备

由于后期系统恢复时,C盘的内容会进行覆盖,故在实施系统备份前先将部分的系统文件的位置进行改变,如Windows 7系统库中的文档、音乐、视频、图片和桌面位置转移到其他盘符,便于后期恢复后桌面和库中的内容依然存在。同时利用360安全卫士等系统优化软件,进行系统的优化,减少系统中不必要的文件及不必要的启动项并做好系统的补丁的安装。

三、任务实施

1.备份系统

①启动Ghost后进入如图10-14所示的界面,单击"OK"按钮,进入软件操作。

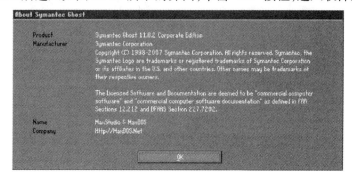

图10-14 Ghost 界面

②选择菜单"Local"(本机)→"Partition"(分区)→"To Image"(备份系统)。通俗地说,就是"1—2—2"先选中 1 再选弹出选项 2 再选项弹出选项 2,如图 10-15 所示。

图 10-15　选择备份选项　　　　　　　图 10-16　选择硬盘

③选中后出现硬盘信息图片如图 10-16 所示,此处显现的是第一个硬盘的信息。若是有两个硬盘的话,回车后会呈现两个硬盘的信息,选项一般只一个硬盘,直接单击"OK"即可。

④确认后将呈现下一个操作界面,如图 10-17 所示,在这里选择要备份的分区,要备份 C 盘,也就是系统盘,选择 1,再单击"OK"按钮,将呈现如图 10-18 所示界面。

图 10-17　选择要备份的分区

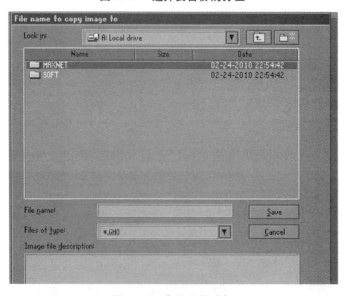

图 10-18　备份位置选择

⑤在这里选择要存放备份文件的位置和文件名称,如图 10-19 所示,填好文件名后,单击"Save"保存即可。

图 10-19　备份文件位置,备份文件名称的设置

⑥确认后到下面的步骤,此处是提示压缩形式选项,如图 10-20 所示。"No"表明进行压缩,"Fast"表明适当压缩,"High"表明高压缩,一般选择"Fast",这样备份后的文件相对小些、时间上也相对快一些。

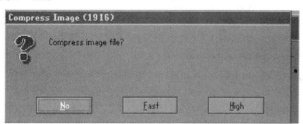

图 10-20　压缩选项的选择

⑦确认后就会进入下一操作界面(见图 10-21),此处是提示你挑选能否开始备份,单击"Yes"按钮即可开始备份。

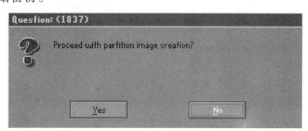

图 10-21　确认是否进行备份

⑧确认后就会进入下一个操作界面,Ghost 将进行备份,此时不用任何其他操作,等待进度条走到 100% 时,弹出提示备份结束界面,如图 10-22 所示。单击"Continue"键回到Ghost 软件初始界面。

图 10-22　备份完成提示界面

到此已经成功备份好系统了,进入 Windows 系统后,可以在第二个分区中看到备份文件。

2.还原系统

①运行 Ghost 程序,选择"Local"→"Partition"→"From Image",如图 10-23 所示(注意这次是"From Image"项),恢复到系统盘。记准从上往下数的选择顺序是 1—2—3。

图 10-23　选择进行镜像还原

②这里是选择镜像文件保存的位置(见图 10-24),此时按下"Alt + I"键可以切回到选择分区的下拉菜单,按上下键选择分区,例如,"1:2"的意思就是第一块硬盘的第二个分区,也就是"D"盘,选好分区后,再按"Tab"键切到文件选择区域,用上下键选择文件夹,用回车进入相应文件夹并选好源文件,也就是 ∗.gho 文件,并按回车。

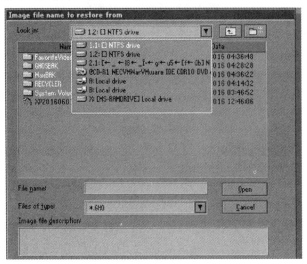

图 10-24　选择镜像文件

图 10-25 表达的意思是,所选源文件是一个主分区的镜像文件,直接按回车键即可。

图 10-25　镜像文件所在的硬盘

③接下来是将镜像文件恢复到哪个分区,这里选择 C 盘操作,所以选择第一个Primary,也就是主分区 C 盘的意思,选择后单击"OK"按钮即可,如图 10-26 所示。

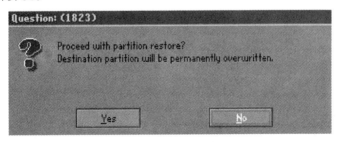

图 10-26　选择要还原的分区

④接下来,Ghost 仍会让你确认是否进行操作,选择"yes"按钮,按回车。如图 10-27 所示,等几分钟后待进度条走完 100% ,将弹出镜像成功提示框,如图 10-28 所示,选择"Reset Computer"重启计算机。

图 10-27　确认是否进行还原

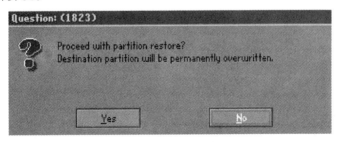

图 10-28　镜像还原成功提示

知识拓展

"Local"菜单包括备份和还原所需要的二级菜单,"Local"菜单具体功能详见表10-1。

表 10-1 "Local"菜单

一级菜单	二级菜单	硬盘操作选项
Disk	To Disk	硬盘对硬盘的完全复制
	To Image	硬盘内容备份成镜像文件
	From Image	从镜像文件恢复到厚来的硬盘
Partition	To Partition	分区对分区的完全复制
	To Image	分区内容备份成镜像文件
	From Image	从镜像文件恢复到分区
Check	Image	检测已存储的镜像文件
	Disk	检查备份的硬盘

注意

Ghost 恢复前一定要先将 C 盘的重要数据进行转移,否则会被覆盖。

任务五 文件的压缩与解压

一、任务描述

小张向 QQ 上的好友传输计算机一级考试的复习资料,由于文件较多,传输任务比较重,朋友建议小张将多个文件压缩成一个文件进行传输。

压缩软件是日常生活、工作和学习中必不可少的重要工具。WinRAR 是一款强大的文件压缩工具,具有压缩率高、速度快、使用方便等特点,除支持常用的 RAR 和 ZIP 格式的压缩文件外,还支持 ARJ、CAB、LZH、ACE、TAR、GZ、UUE、ISO 等格式的压缩文件。

二、任务实施

1. 软件下载及安装

①从 WinRAR 官网（http://www.winrar.com.cn/）下载 WinRAR 简体中文版。

②双击"WinRAR 简体中文版"安装程序图标，根据安装程序向导提示进行安装，所有参数选择默认选项，直至安装完成。

2. 快速压缩

①打开资源管理器，选中要压缩的单个或多个文件或者文件夹，右击。

②在快捷菜单中选择"添加到压缩文件"命令，弹出如图 10-29 所示的"压缩文件名和参数"的对话框，根据自己的需求设置相应的参数，如"压缩文件名""压缩文件格式""设置密码"等，单击"确定"按钮即可完成文件的快速压缩。

图 10-29 "压缩文件名和参数"对话框

3. 快速解压

①打开资源管理器，选中需要解压的文件，右击。

②在快捷菜单中选择"解压文件"命令，弹出如图 10-30 所示的"解压路径和选项"对话框。

③在对话框中，进行"目标路径""更新方式""覆盖方式"等选项的设置，单击"确定"

按钮完成文件的快速解压。

图 10-30 "解压路径和选项"对话框

任务六 恢复错误删除的文件

一、任务描述

一天,小张在整理计算机文件时,不小心将一些文档删除,并且清空了回收站,发现将一些重要的年终总结及学生平时成绩等文件误删了,再次重新录入已经来不及,该怎么办呢?

二、任务准备

文件删除后,一般情况可以在回收站进行还原,若回收站被清空或者文件被完全删除(Shift + Delete),在保证硬盘没有物理损坏、原文件块没有被覆盖的前提下,可以通过数据恢复软件进行恢复。EasyRecovery 是一款操作安全、价格便宜、用户自主操作的非破坏性的只读应用程序,它不会往源驱上写任何东西,也不会对源驱作任何改变。支持从各种存储介质恢复删除、格式化或者丢失的文件,支持的媒体介质包括硬盘驱动器、光驱、闪存,以及其他多媒体移动设备。无论文件是被命令行方式删除,还是被应用程序或者文件系统删除,EasyRecovery 都能实现恢复,甚至能重建丢失的 RAID。

三、任务实施

1. 软件下载及安装

在网上下载 EasyRecovery 软件,并进行安装。

2. 查找并恢复已经删除的文档

①双击"EasyRecovery"应用程序图标,进入主窗口界面,如图 10-31 所示。

图 10-31 　"EasyRecovery"**主窗口界面**

②单击"数据恢复"按钮,切换到如图 10-32 所示"数据恢复"窗口。

图 10-32 　"**数据恢复**"**窗口界面**

③单击"删除恢复"图标,弹出"目标警告"窗口,如图 10-33 所示;单击"确定"按钮后选择恢复已删除文件的分区,"在文件过滤器"中选择文件类型,如图 10-34 所示;单击"前进"按钮,扫描可恢复的文件如图 10-35 所示。

图 10-33 "目标警告"提示框

图 10-34 恢复数据参数选择

图 10-35 数据恢复扫描进行中

④扫描结束后,在如图 10-36 所示中勾选希望恢复的文件,单击"前进"按钮,在如图 10-37 所示中选择恢复目标,单击"前进"按钮即可进行恢复工作。在数据恢复完成后弹出如图 10-38 所示的数据恢复摘要。

注意

　　数据的恢复目标位置不可以和目前正在恢复的数据盘相同,如果相同可能会出现数据的覆盖,影响数据的恢复工作。

图 10-36　选择希望恢复的数据

图 10-37　恢复目标选项

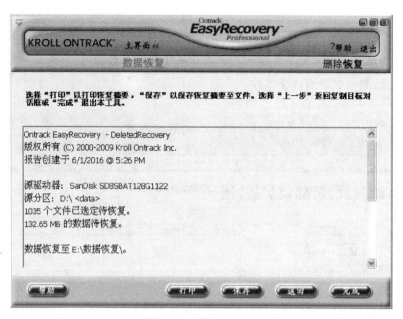

图 10-38　数据恢复摘要

3. Easyrecovery 的其他功能

在 Easyrecovery 中还有磁盘诊断、文件修复、电子邮件恢复等功能可供读者自行学习和了解。

任务七　阅读电子图书

一、任务描述

小张在撰写论文时,在期刊数据库中下载了大量的扩展名为. PDF 的论文资料,直接双击文件时文件却不能正常打开,小张应该怎么做呢?

二、任务准备

PDF 全称为 Portable Document Format(便携式文档格式),是 Adobe Systems 用于与应用程序、操作系统、硬件无关的进行文件交换所发展出的文件格式。PDF 文件以 PostScript 语言图像模型为基础,无论在哪种打印机上都可以保证精确的颜色和准确的打印效果,即 PDF 会忠实地再现原稿的每一个字符、颜色及图像。

对普通用户而言,用 PDF 制作的电子书具有纸质版的质感效果,可以逼真地展现原书的原貌,而显示大小可以任意调节,为读者提供个性化的阅读方式。

三、任务实施

1. 下载并安装

通过百度搜索下载 Adobe Reader 简体中文版,按照安装向导完成安装。

2. 启动"Adobe Reader"程序

双击 Adobe Reader 应用程序图标,启动"Adobe Reader"窗口,如图 10-39 所示。

图 10-39 "Adobe Reader"启动界面

3. 打开 PDF 文件

①在安装完"Adobe Reader"应用程序后,双击 PDF 文件即可打开。

②在"文件"的子菜单中选择"打开"选项,在弹出的"打开"对话框中,选中 PDF 文件,单击打开即可。

4. 打印 PDF 文件

在"文件"菜单中选择"打印"选项,在弹出的"打印"对话框中设置打印范围、页面处理等属性,单击"确定"按钮即可打印输出。

任务八　翻译英文短文

一、任务描述

小王学习英语时有部分英语短语无法翻译,小王应该怎么办呢,有道在线翻译可以很好地解决这个问题。

二、任务准备

有道翻译是网易公司开发的一款翻译软件,其最大特色在于翻译引擎是基于搜索引擎,网络释义的。也就是说,它所翻译的词释义都是来自网络,支持中英、中法、中日、中韩、中俄、中西班牙互译。在输入框中输入网页地址即可进入有道在线翻译。

三、任务实施

①在 IE 浏览器地址栏输入 http://fanyi.youdao.com/,启动如图 10-40 所示的有道翻译窗口。

图 10-40 "有道在线翻译"窗口

②在文本框中输入需要翻译的文本,在"自动检测语言"下拉列表按钮中根据实际情况选择翻译的类型,单击"自动翻译"按钮即可在右边的文本框中显示翻译的结果。

在文本框中也可以输入网址,可以直接翻译整个网页的信息,读者可自行体验。

有道翻译还有桌面版、手机版等不同版本的翻译软件,读者可自行体验。

附　录

附录1　全国高等院校计算机等级考试（重庆考区）考试大纲（2013 年）

一级考试大纲

一、考核基本要求

1. 了解计算机基础知识,掌握计算机系统的基本组成及工作原理。

2. 掌握计算机操作系统的基本知识。

3. 具备使用微机系统的基本能力,掌握 Windows 的使用方法。

4. 熟练掌握一种汉字输入法,要求达到 20 字/分。

5. 掌握 Office 办公自动化软件的功能、基本知识、使用方法和基本操作。

6. 了解数据库基本知识及基本操作。

7. 了解网页制作技术及基本操作。

8. 了解多媒体技术及基本知识。

9. 掌握计算机网络的基本知识。

10. 掌握信息技术与信息安全基本常识、计算机病毒及防治常识。

11. 了解计算机及应用新技术。

12. 上机考试要求:

上机考试时间为 1 小时,内容包括 Windows 操作、Word 操作(含文字录入)、Excel 操作、PowerPoint 操作、网页制作和数据库操作。

二、考试内容

(一)计算机基础知识

1. 计算机的发展、特点、分类及应用。

2. 数制的概念,二、八、十及十六进制的表示及相互转换。

3. 计算机的数与编码,计算机中数的表示,字符、汉字的编码。

4. 计算机中信息的存储单位:位、字节、字、字长的概念。

5. 汉字常用输入方法(熟练掌握一种);了解汉字输入码(外码)、内码、字库的概念。

（二）计算机系统基本组成

1. 计算机系统的概念。

2. 硬件系统。

（1）计算机的"存储程序"工作原理。

（2）硬件系统组成框图：

①中央处理器功能。

②存储器功能及分类：内存储器（RAM、ROM、EPROM、EEROM、Cache）；外存储器（硬盘、光盘、U盘等）。

③外围设备功能及分类：键盘、鼠标、显示器、打印机、光驱和其他常用外围设备。

④总线结构（数据总线、地址总线、控制总线）。

⑤通用串行总线接口 USB。

（3）计算机的主要性能指标（运算速度、字长、内存容量、外围设备配置、软件配置、可靠性及性价比等）。

3. 软件系统。

（1）系统软件。

（2）应用软件。

4. 程序设计基础。

（1）指令和程序的概念。

（2）程序设计语言的分类及区别：机器语言、汇编语言、高级语言（面向过程）、4GL（非过程化，面向对象）。

（3）数据类型、控制结构的基本概念。

（三）操作系统

1. 操作系统的基本概念、发展及分类。

2. 操作系统的主要功能。

3. 文件系统。

4. Windows 的基本知识及基本操作（Windows 7 及以上版本，2014 年 9 月执行）。

（四）办公自动化操作（Office 2010 及以上版本，2014 年 9 月执行）

1. 字处理软件 Word 的使用。

①字处理的基本概念。

②Word 的基本功能、运行环境、启动和退出。

③文档的创建、打开、保存和关闭。

④文档的编辑、插入、查找、修改、替换、复制、删除和移动。

⑤文档的排版:字符格式、段落格式和页面格式的设置,打印文档。

⑥表格制作:表格的插入、修改,数据的填写与计算。

⑦图形的插入、简单处理及图文混排。

⑧文档修饰功能。

2.电子表格软件 Excel 的使用。

①电子表格的基本概念。

②Excel 的基本功能、运行环境、启动和退出。

③工作簿与工作表的概念,工作簿的保存与打开。

④工作表的创建、编辑和排版。

⑤工作表数据管理与应用。

⑥用工作表数据制作图表的基本操作。

3.电子文稿软件 PowerPoint 的使用。

①PowerPoint 的基本概念。

②PowerPoint 的基本功能、运行环境、启动和退出。

③PowerPoint 的制作及放映。

④PowerPoint 的超级链接功能。

(五)数据库基本知识及操作

1.数据库及数据库系统的基本知识。

2.关系数据模型。

3.数据库基本操作。

①建立数据库及数据表。

②数据查询。

(六)计算机网络基本知识

1.计算机网络基本知识。

①计算机网络的发展、分类和组成。

②计算机网络的拓扑结构。

③OSI/RM 七层协议的基本概念。

④TCP/IP 四层协议的基本概念。

⑤常用的计算机网络传输介质。

⑥因特网的作用及典型服务类型。

⑦常用网络连接设备的功能(网卡、调制与解调、集线器、交换机、路由器等)。

2.计算机局域网。

①局域网的种类、常用网络设备、组网方法。

②常用网络操作系统。

3. Internet 基本知识。

①IPv4 和 IPv6 地址表示。

②上网设置。

③域名及域名解析过程。

④Internet 的接入方法、Internet 信息服务种类。

⑤Internet 浏览器及搜索引擎的使用。

⑥文件上传与下载软件的使用。

⑦电子邮件的使用(账户设置、POP3 收件和 SMTP 发件服务器)。

4. 网页设计与网站建立。

5. 电子商务和电子政务的基本概念和主要功能。

(七)多媒体基础知识

1. 多媒体与流媒体概念。

2. 多媒体计算机系统的基本组成。

3. 多媒体信息数字化和压缩与存储技术。

4. 多媒体信息的计算机表示方法。

5. 图像的分辨率、采样、量化、数字化、像素的概念。

6. 多媒体信息(声音合成、声音片段截取、图像合成、图像放大缩小、动画、视频信息)的基本处理方法。

(八)信息技术与信息安全基本常识

1. 软件工程概述及软件开发(软件的生命周期、软件开发过程、软件质量评价)。

2. 信息技术的概念、发展、应用、信息产业。

3. 信息系统概述、应用类型、信息系统开发(特点、指导原则、方法、方式、组织管理等),了解常见信息系统(MIS、DSS、ES 等)。

4. 信息安全与计算机安全、网络安全的联系及区别。

5. 信息安全技术在网络信息安全中的作用。

6. 网络信息安全的解决方案及个人网络信息安全的策略。

7. 计算机病毒的概念、种类、主要传播途径及预防措施。

8. 信息素养与知识产权保护。

三、试卷结构及成绩评定方法

1. 笔试题型及分值(考试时间 1 小时)。

①单项选择题(共 30 小题,每小题 1.5 分,共 45 分)。

②判断分析题(共 30 小题,每小题 1.5 分,共 45 分)。

③填空题(共 10 个空,每空 1 分,共 10 分)。

2.上机题型及分值(考试时间 1 小时)。

①汉字录入(20 分)。

②Word 编辑和排版(30 分)。

③Excel 操作(30 分)。

④Windows 基本操作(10 分)。

⑤PowerPoint 操作、网页制作和数据库选做一题(10 分)。

3.成绩评定方法

①笔试和上机分别计分,两门考试均为 60 分以上为及格成绩,均为 85 分以上为优秀成绩。

②本考试每年举行两次,考生可以重复参加考试,并允许分别以笔试和上机更好的成绩刷新上次考试成绩。

附录 2　全国高等学校(重庆考区)非计算机专业计算机等级考试

一级笔试试题(2015 年 4 月)

一、单选题(每题 1.5 分,45 分)

1.微机系统中,1 GB 表示的二进制位数是(　　)bit。

　　A.1 024 × 1 024 　　　　　　　　　　B.1 024 × 1 024 × 8

　　C.1 024 × 1 024 × 1 024 　　　　　　D.1 024 × 1 024 × 1 024 × 8

2.以下给出的模型中,(　　)不是数据库常见的数据模型。

　　A.层次模型　　　　B.概念模型　　　　C.网状模型　　　　D.关系模型

3.在下列传输介质中,信号质量不受电磁干扰的是(　　)。

　　A.双绞线　　　　　B.光纤　　　　　　C.同轴电缆　　　　D.通信卫星

4.目前使用的智能手机中,与微信摇红包不相关的说法是(　　)。

　　A.定位　　　　　　B.匹配对象　　　　C.随机分配　　　　D.手机信号

5.全文搜索引擎一般采用(　　)方式来获取所需信息。

　　A.人工　　　　　　B.关键字搜索　　　C.蜘蛛程序　　　　D.检索工具

6.由于采用了(　　)技术,使得在网络上连续实时播放的音视频等多媒体文件能够让用户一边下载一边观看(收听)。

　　A.多媒体　　　　　B.ADSL　　　　　　C.流媒体　　　　　D.智能化

7.计算机内部普遍采用二进制形式表示数据信息,其主要优点是(　　　)。

A.容易实现　　　　　　　　　　　　B.方便记忆

C.书写简单　　　　　　　　　　　　D.符合人们的使用习惯

8.CPU由运算器和控制器构成,其运算器又称为(　　　)。

A.ALU(算术逻辑单元)　　　　　　　B.CPU

C.EPROM　　　　　　　　　　　　　D.ROM

9.主频又称为(　　　)频率,它在很大程度上代表了CPU运算、处理数据的速度。

A.速度　　　　　B.存取　　　　　C.时钟　　　　　D.运行

10.关系数据库系统能够实现的3种基本关系运算是(　　　)、投影和连接。

A.排序　　　　　B.查询　　　　　C.选择　　　　　D.统计

11.计算机网络的主要功能是(　　　)。

A.分布处理　　　　　　　　　　　　B.协同工作

C.提高计算机可靠性　　　　　　　　D.数据通信、资源共享

12.在计算机运行中突然断电,存储媒体(　　　)中的信息将会丢失。

A.RAM　　　　　B.ROM　　　　　C.U盘　　　　　D.硬盘

13.计算机的CPU能直接执行(　　　)程序。

A.C语言　　　　B.高级程序语言　　C.机器语言　　　D.汇编语言

14.即插即用硬件是指(　　　)

A.不需要CMOS支持即可使用硬件

B.在Windows系统所能使用的硬件

C.安装在计算机上不需要配置任何驱动程序就可使用的硬件

D.硬件安装在计算机上后,系统会自动识别并完成驱动程序的安装和配置

15.用户可以使用(　　　)命令来检测当前网络连接是否正常。

A.Ping　　　　　B.FTP　　　　　C.Telnet　　　　D.Ipconfig

16.当前使用的台式计算机中,其中中央处理器(CPU)主要是由(　　　)公司生产的。

A.IBM　　　　　B.Intel　　　　　C.NEC　　　　　D.曙光

17.3个二进制位可以表示(　　　)种状态。

A.8　　　　　　B.7　　　　　　C.4　　　　　　D.3

18.存储一个32×32点阵汉字字型信息的字节数是(　　　)。

A.64B　　　　　B.128B　　　　　C.256B　　　　　D.512B

19.计算机软件是指所使用的(　　　)。

A.各种程序的集合　　　　　　　　　B.有关文档资料

C.各种指令的集合　　　　　　　　　D.数据、程序和文档资料的集合

20.用高级语言VC++编写的源程序,必须通过其语言处理程序进行(　　　),编程目标程序后才能在计算机上运行。

A. 解释　　　　　B. 汇编　　　　　C. 编译　　　　　D. 翻译

21. 操作系统的主要作用之一是(　　　)。

A. 控制管理计算机的软硬件资源　　　　B. 实现企业目标管理

C. 将源程序编译为目标程序　　　　D. 实现软硬件的转换

22. 题 22 图是一张在 Excel 2010 中进行数据统计的工作表,该工作表的第一行图标

成绩 ▼ 表示该文档应用了(　　　)功能。

A. 分类汇总　　　B. 分页　　　　　C. 排序　　　　　D. 筛选

23. 如题 22 图的工作表,可以隐藏部分行(列),通过此文档可以推算出最多有(　　　)个字段(列)。

A. 6　　　　　　B. 7　　　　　　C. 8　　　　　　D. 9

24. (　　　)不属于 TCP/IP 的四层体系结构。

A. 应用层　　　　B. 会话层　　　　C. 传输层　　　　D. 网络层

25. 在一个局域网中,需要使用(　　　)对设备进行互连。

A. 路由器　　　　B. 交换机　　　　C. 网关　　　　　D. 防火墙

26. 下列域名中,表示政府机构的是(　　　)。

A. www. cq. net. cn　　B. www. cq. gov. cn　　C. www. cq. ac. cn　　D. www. cq. edu. cn

27. 在科技充分发达的今天,世界上任何地方有大事发生,都会迅速传遍地球的任一角落,这说明信息具有(　　　)。

A. 传递性　　　　B. 时效性　　　　C. 真伪性　　　　D. 价值相对性

28. 若是用电子邮件传递(　　　),需要在编写新邮件的界面中添加附近。

A. 汉字　　　　　B. 英文字母　　　　C. 数字　　　　　D. 文件

二、判断题(正确的打√,错误的打×,每小题 1.5 分,共 45 分)

1. I/O 接口位于总线与设备之间,所有的外部设备都是通过各自的接口电路连在计算机上。　　　　　　　　　　　　　　　　　　　　　　　　　　　　(　　　)

2. 从逻辑磁盘根目录开始到指定文件所在目录的整个路径,称为相对路径。(　　　)

3. 在 PowerPoint 演示文稿中,不能插入 Word 表格。　　　　　　　　(　　　)

4. 计算机网络发展的关键阶段是体系结构的建立。　　　　　　　　　(　　　)

5. 网卡(网络适配器)是实现局域网/广域网通信的关键设备。它有固定的 MAC 地址(物理地址),不同网卡的 MAC 地址可以相同。　　　　　　　　　　(　　　)

6. 对于负数来说,其原码、反码和补码的表示方法都是相同的。　　　(　　　)

7. 微机系统的总线有数据总线、地址总线和控制总线 3 个部分组成。　(　　　)

8. 在 Word 中,如果无意删除了某一段文本则只能重新录入。　　　　(　　　)

9. 计算机与其他计算工作的本质区别是它能够存储程序和程序控制。　(　　　)

10. 点距是彩色显示器的一项重要技术指标,点距越小,可以达到的分辨率就越高,画

面就越清晰。   （   ）

11. 操作系统是硬件的一级扩充，是计算机的核心控制软件。   （   ）

12. 目前智能手机上的系统软件能通过 WiFi 来进行升级。   （   ）

13. 由于多媒体信息的数据量巨大，因此，多媒体信息的压缩与解压缩技术就成为解决存储、网络传输等领域中最为关键的技术。   （   ）

14. 计算机处理的任何文件和数据存入磁盘后就能被 CPU 所使用。   （   ）

15. USB 接口是一种数据的高速传输接口。目前，移动硬盘、优盘、鼠标、扫描仪等设备均可以通过 USB 接口进行连接。   （   ）

16. 微机的运算速度通常是用单位时间内执行指令的条数来表示的。   （   ）

17. 在开发软件过程中，需求信息是由程序员给出的。   （   ）

18. 只要安装了杀毒软件，以后就不会被病毒侵害。   （   ）

19. 英文字符的标准 ASCII 编码是由 7 位二进制数组成的。   （   ）

20. 在计算机系统中，一个字节等于 16 个二进制位。   （   ）

21. 为了实现中西文兼容，区分汉字和 ASCII 码字符，汉字机内码的最高位为 1，而 ASCII 码的最高位为 0。   （   ）

22. 一个完整的计算机系统应包括主机和应用程序。   （   ）

23. 计算机软件系统中最靠近硬件层的是办公软件。   （   ）

24. 操作系统有处理器管理、存储管理、设备管理、文件管理和作业管理等五大管理功能。   （   ）

25. TCP/IP 协议体系中，协议层有网络接口层、互联网层、表示层和应用层。 （   ）

26. 在计算机网络中，为网络提供共享资源的基本设备是路由器。   （   ）

27. OSI 参考模型把开发系统的通信功能划分为七个层次，每一层的功能是独立的。它利用其下一层提供的服务并为其上一层提供服务，而与其他层的具体实现无关。 （   ）

28. 3FFE∶∶1245∶∶4562 表示 IPv6 的一个地址。   （   ）

29. 一幅数字图像由 M×N 列个取样点组成，每个取样点是数字图像的基本单位，称为像素。   （   ）

30. 根据国家有关知识产权保护的法律规定，非正版软件不得用于生产和商业目的。
                                                            （   ）

三、填空题（每小题 1 分，共 10 分）

1. 在 Windows 中允许用户同时打开多个应用程序的窗口，但任一时刻只有_____是活动窗口。

2. 在 Windows 窗口中，如果想一次选定多个分散的文件或文件夹，应该先按住_____键，再用鼠标单击逐个选取。

3. Internet 最基本的通信协议是_____协议。

4. 二进制数的_____,与十六进制数的 32 相等。

5. 已知大写字母"U"的 ASCII 码表示成十六进制数为 55H,则大写字母"Z"的 ASCII 码的十六进制数应为_____H。

6. 在 Word 的页面视图文档中,复制文本使用的快捷键是 Ctrl + _____ 。

7. 在数据库系统中,用二维表数据来表示实体及实体之间联系的数据模型为_____模型。

8. 以地理范围将网络划分为_____、城域网和局域网。

9. _____是指一种将内部网和公众访问网(如 Internet)分开的安全产品。实际上是一种隔离技术,它是提供信息安全服务,实现网络和信息安全的基础设施。

10. 计算机病毒是指以危害系统为目的的特殊计算机_____。

参考文献

[1] 吴宛萍,许小静.Office 2010 高级应用[M].西安:西安交通大学出版社,2016.

[2] 刘杰,朱仁成.计算机应用基础实训指导[M].西安:西安电子科技大学出版社,2013.

[3] 余上,邓永生.计算机应用基础[M].北京:人民邮电出版社,2014.

[4] 任德齐,何婕.计算机文化基础[M].2 版.重庆:重庆大学出版社,2015.

[5] 李涛.Photoshop CS5 中文版案例教程[M].北京:高等教育出版社,2012.

[6] 梁广民.思科网络实验室 CCNP(路由技术)实验指南[M].北京:电子工业出版社,2012.

[7] 王凤茂.计算机网络技术[M].4 版.大连:大连理工大学出版社,2009.

[8] 段利文,龚小勇.关系数据库与 SQL Server 2008[M].2 版.北京:机械工业出版社,2013.

[9] 张丽英.Dreamweaver 网页设计与应用[M].6 版.北京:人民邮电出版社,2012.

[10] 朱世波.边学边用 Office 办公应用[M].北京:人民邮电出版社,2013.